전환기의 박테리아 분류학
개념과 실제

조 병 철

BIO
BIOSCIENCE
(주)바이오사이언스출판
http://www.biobooks.co.kr

이 도서의 국립중앙도서관 출판예정도서목록(CIP)은 서지정보유통지원시스템 홈페이지(http://seoji.nl.go.kr)와 국가자료종합목록시스템(http://www.nl.go.kr/kolisnet)에서 이용하실 수 있습니다.
(CIP제어번호 : CIP2019010383)

기고가(Contributors) 소개

조병철
서울대학교 자연대학 지구환경과학부 교수
서울특별시 관악구 관악로 1

최동한
한국해양과학기술원 해양생태연구센터 책임연구원
부산광역시 영도구 해양로 385

황청연
한국해양과학기술원 부설 극지연구소
극지생명과학부 선임연구원
인천광역시 연수구 송도미래로 26

장광일
한국해양과학기술원 부설 극지연구소 연수연구원
인천광역시 연수구 송도미래로 26

전환기의 박테리아 분류학: 개념과 실제

초판 인쇄 | 2019년 2월 27일
초판 발행 | 2019년 3월 18일

저　　자 | 조병철
발 행 인 | 문정구
발 행 처 | (주)바이오사이언스출판
주　　소 | 본사: 14040 경기도 안양시 동안구 전파로 107(호계동)
서울 사무소: 06569 서울시 서초구 도구로 115, 1층(방배동)
전　　화 | (02)581-4057~8
팩　　스 | (02)581-4059
이 메 일 | inquiry@biosciencepub.com
홈페이지 | http://www.biobooks.co.kr
I S B N | 978-89-6824-089-8
등록번호 | 제22-3079호
값 | 13,000원

서문

박테리아는 1970년대 중반까지 박테리아와 아키박테리아(archaebacteria)를 포함하는 하나의 그룹으로 인식되었었다. 16S rRNA 유전자 시퀀스의 분석 기법은 분류학에 새로운 파라다임을 가져와, 박테리아(*Bacteria*)와 아키아(*Archaea*)는 서로 다른 역(域 Domain)으로 구분되었고, 진핵생물(eukaryotes)과 대조되어 원핵생물(prokaryotes)로 불리게 되었다.

본 저술에선 주로 박테리아를 대상으로 하여 설명하고 예를 드는 경우가 많겠지만, 종의 개념 등 기본 원리들은 박테리아와 아키아에 같이 적용된다. 따라서 본 책의 주된 내용은 박테리아 분류학이지만 원핵생물 분류학이라고 하여도 무방할 듯하다. 본문에서도 경우에 따라 박테리아보다는 원핵생물을 사용하였으나 혼란은 없으리라 본다.

다양한 환경에 서식하는 미생물에 대한 연구와 더불어 새로운 원핵생물들이 빈번하게 분리됨에 따라, 원핵생물을 연구하는 전문가들에게 있어서 신종을 직접 보고하는 것은 지금은 거의 필수적인 일이 되었다. 이에 체계적이며 정리된 가이드가 환경 미생물학, 미생물 생태학, 또는 미생물학 분야를 연구하는 독자들을 위하여 필요하다고 느꼈다. 따라서 본 저자들은 지난 20여 년간 신종을 보고하면서 접하였던 문헌들과 신종 논문들을 심사하면서 얻은 경험들을 체계적으로 정리하여 '신종 보고를 편하게 할 수 있도록' 하려는 목적으로 이 분야에 대한 책자를 저술하기로 결정하였다. 또한 최근에 게놈 시퀀싱(genome sequencing)과 유전체학(genomics)의 발전으로 인하여 원핵생물 분류학에도 이 분야들의 도입이 활발히 논의되고 있고 또한 도입이 시도되고 있어서, 이러한 발전에 대한 저술의 필요성도 있었다. 미래에는 신종 원핵생물 균주의 유전체 시퀀스 분석에 기반한 원핵생물 분류학이 정착되리라고 보며, 현재는 그러한 방향으로 가는 전환기로 보인다.

본 저술은 박테리아 분류학이 새로운 기법과 기술의 진보에 따라 역동적으로 발전해 온 역사를 소개하는 것으로 시작하며, 분류학 또는 계통학의 학문적 성격에 대하여 기술한다.

2장에서는 원핵생물의 종의 개념과 정의에 대하여 기술하며, 최근에 제기된 유전자 이동(gene flow)에 기반한 생물학적 종의 정의가 원핵생물에도 적용될 가능성을 다룬다. 또한 원핵생물 종의 정의에 사용되는 유전체 유사도에 근거하는 다양한 실제적 방법들(DNA-DNA 혼성화, MLSA, DNA-DNA 혼성화를 대치하는 방법들)을 토의한다. 3장에서는 지금도 사용 중인 다상 분류학(polyphasic taxonomy)을 기술하고, 다상 분류학이 갖는 한계와 이를 타개하기 위한 방법으로 도입되고 있는 유전체 원핵생물 분류학에 대해 다룬다. 그리고 원핵생물 분류학은 다상 분류학에서 유전체 원핵생물 분류학을 향해 가고 있음을 제시한다. 4장에서는 신속, 신과, 신목, 신강, 신문에 속하는 신종을 보고하는 데에 있어서 이해해야 할 사항들, 신종 작명 시 고려할 점들 그리고 신종 보고의 실제 사례들을 기술하고, 분류의 과정에서 종을 다른 분류군(taxon)으로 이전(transfer) 또는 재분류하게 될 경우에 대한 기술과 아직 배양되지 않은(uncultivated) 원핵생물들을 보고하는 방식인 "*Candidatus*" 지위에 대해 토의한다. 5장에서는 신종 보고시에 흔히 사용되는 분석 기법들의 기본 개념 또는 원리와 실제를 간단히 소개한다. 6장에서는 신종의 분리·연구시에 흔히 경험하게 되는 주요 분류군들의 특징과 분류 체계의 역동적 변화를 예를 들어 기술한다. 7장에서는 박테리아 분류학의 여러 응용·활용에 대하여 기술하고, 8장에서는 신종 논문의 구조 및 특징과 논문 작성 시 참조해야 할 최소 표준안, 그리고 투고 절차에 대하여 기술한다. 이 책이 분류학은 케케묵고 지루한 학문이란 고정관념에서 벗어나는 작은 계기가 되었으면 하는 바람이다.

끝으로, 용어의 번역에 대해서 몇 가지 언급하고자 한다. 'Bacteria'를 번역시 흔히 사용되는 세균(細菌) 대신에 박테리아를 사용하였다. 왜냐하면 세균은 미세한 균(fungi)이란 글자적 의미이고 균은 진핵생물에 속하므로, 크기가 작은 균이 원핵생물이 될 수 없기 때문이다. 'Strain'은 균, 원생동물, 박테리아의 경우 공히 균주로 번역되어 사용되고 있어, 본서에서도 균주를 사용하였다. 용어의 번역에는 해양과학용어사전, 최신 화학용어사전, 미생물학·분자생물학 사전을 참고하였다.

한정된 분량의 책자에서 다루게 되는 내용들이 다소 제한될 수도 있다고 본다. 독자 제현의 귀중한 의견을 저자들에게 보내주기 바란다. 본 저술의 부족함은 추후 개정판에서 개선되리라 믿는다. 개정판 작업에서는 본 저술에 참여한 저자들 외에도 누구나 참여할 수 있도록 개방할 예정이다. 그리하면 여러면에서 효율적일 것으로 본다. 이 경우에 authorship은 *Bergey's Manual of Systematics of Archaea and Bacteria*의 논문 작성 지침에 준하고자 한다.

본 저술이 무사히 출판되도록 도와주신 (주)바이오사이언스출판 문정구 대표와 책자의 제작과정에 애써주신 홍수희 팀장께 감사를 드린다. 미생물학을 배우기 시작했던 학부시절부터 박테리아의 분류와 실제가 어떻게 수행되는지 항상 궁금하였었는데, 천종식 교수(서울대학교 자연대학)를 통해서 박테리아 분류의 실전에 진입하여 신종 연구에 참여할 수 있었기에 이 자리를 빌어 감사를 표한다. '16S rRNA 유전자 시퀀스 유사도와 DNA-DNA 혼성화 값의 비교'에 관한 그림을 본 책자에 게재하여 사용할 수 있도록 허용해 준 Erko Stackebrandt 교수와 유전체 서열에 기반한 AnnoTree의 계통수 그림을 본 책자에 게재하여 사용할 수 있도록 허용해 준 Andrew C. Doxey 교수에게 감사를 표한다. 본 도서가 신종 연구와 원핵생물 분류학에 관심을 가진 많은 분들에게 이론적이고 실질적인 도움이 되기를 바란다.

2019년 2월 관악 캠퍼스에서

저자 조병철

목 차

제1장 박테리아 분류학(Bacterial taxonomy) ······ 1

BOX 1: International Committee on Systematics of Prokaryotes (ICSP)의 분과위원회: 기능 및 역할 소개

BOX 2: ICSB (International Committee on Systematic Bacteriology) 분과위원회의 회의록

제2장 원핵생물 종(Species)**의 개념** ······ 10

2.1. 원핵생물에 있어서 종의 개념과 정의 / 10

2.1.1. 다유전자좌 시퀀스 분석(Multilocus sequence analysis, MLSA)

BOX 3: 개체군 구조(Population structure)-아종(Subspecies)

BOX 4: 수평 유전자 전이(Horizontal gene transfer, HGT) 문제

2.2. DDH를 대체하는 방법들: ANI, Concatenated sequence / 19

2.2.1. ANI (average nucleotide identity; 평균 뉴클레오티드 동일성)

2.2.2. 연쇄시킨(concatenated) 시퀀스 또는 계합(繫合)된 시퀀스

2.3. 16S rRNA 유전자(16S 리보조말 RNA 유전자; 16S rDNA) / 21

BOX 5: 이차 구조를 고려한 16S rRNA 유전자의 염기서열 정렬

BOX 6: 16S-23S rRNA ITS 시퀀스

제3장 다상 분류학(Polyphasic taxonomy): **그 한계와 분류학의 미래 전망** ···· 27

3.1. 다상 분류학이 당면한 문제들 / 31

3.2. 원핵생물 종의 정의에 대한 재검토 / 34

3.3. 유전체 원핵생물 분류학(Genomic prokaryotic taxonomy) / 35

제4장 신속(novel genus), **신과**(novel family), **신목**(novel order), **신강**(novel class), **신문**(novel phylum)**에 속하는 신종을 보고하기** ······ 41

4.1. 공인된 발표 / 41
BOX 7: 새로운 분류군을 기술하는데 필요한 균주의 최소 수(數)에 대한 논의
4.2. 신종(新種)의 작명 / 45
4.3. 신속(新屬)에 속하는 신종을 보고하기 / 48
4.4. 신과(新科)에 속하는 신종을 보고하기 / 48
4.5. 신목(新目)에 속하는 신종을 보고하기 / 49
4.6. 신강(新綱)에 속하는 신종을 보고하기 / 50
4.7. 신문(新門)에 속하는 신종을 보고하기 / 52
4.8. 이전(Transfer), 부활된 이름(Revived name) / 53
4.9. 재분류(Reclassification) / 56
4.10. *Candidatus* 보고하기 / 57

제5장 흔히 사용되는 분석 기법들 ······ 62

5.1. 16S rDNA 시퀀스 유사도: PCR과 키메라(chimera) 체크 / 65
5.2. 계통수 작성 / 66
BOX 8: 염기치환의 진화 속도(evolutionary rates): 기무라(Kimura) 모델
5.3. DNA-DNA 혼성화(DNA-DNA hybridization, DDH) / 72
5.4. DNA G+C 함량 / 74
5.5. 생리 테스트 및 현미경 관찰 / 75
5.6. 생화학적 테스트 / 78
5.7. 화학분류학적 테스트(지방산, 극성 지질, 세포벽, 폴리아민 유형, 키논, 호파노이드), 표지 뉴클레오티드 / 81

제6장 흔히 분리되는 주요 분류군들의 특징들 ······ 87

6.1. *프로테오박테리아(Proteobacteria)* / 87
6.1.1. *Roseobacter* 단계통
6.1.2. 호기성 비산소발생 광합성(AAP) 박테리아
6.2. *Bacteroidetes* 문 / 94
6.3. 그램-양성 박테리아 / 97
6.3.1. *Firmicutes* 문

6.3.2. *Actinobacteria* 문
6.3.3. 분류체계의 역동적 변화의 예
6.4. 호염성 아키아(Haloarchaea) / 101

제7장 박테리아 분류학의 응용 ···························· 104
7.1. 진단과 분류 / 104
7.2. 단백질 시퀀스들 안의 분자적 표지(signatures)-분자적 마아커의 개발 / 106
7.3. 진화 / 107
7.4. 개체군의 유전적 구조 / 108
7.5. 박테리아 종분화(Bacterial speciation) / 109

제8장 신종 논문의 구조, 작성 및 투고 ···························· 110
8.1. 신종 논문의 구조 / 110
8.2. 신종 논문 작성 / 111
BOX 9: *Flavobacteriaceae* 과의 새로운 분류군을 기술하기 위해 제안된 최소 표준안
8.2.1. 신종 논문 준비 과정
8.2.2. 신종 연구의 발표와 전망

참고 문헌 ···························· 117
용어 번역 ···························· 145
축약어 ···························· 148
찾아보기 ···························· 150

제1장 박테리아 분류학(Bacterial taxonomy)

조병철

박테리아 분류학자들에게 단순하면서도 근본적인 질문은 '분리된 박테리아 균주(strain)가 어떤 종에 속하는가'라는 질문일 것이다. 박테리아 분류학은 19세기 말에 시작되었다. 박테리아는 형태, 성장 요구 조건, 또는 병리가능성과 같은 기본적인 표현형 마아커(marker)들에 의해 분류되었다. 20세기 초반까지는 생리 및 생화학적 특성이 박테리아 분류에 사용되었다. 20세기 전반부에 발달한 표현형에 기반한 분류학(표현형 특징들에 근거한 분류학적 체계)은 몇 개의 한계점이 있었다. 즉, 같은 종의 균주들이 다른 표현형을 가질 수 있는 가능성, 다른 종들이 구분하기 어려운 표현형들을 가질 수 있는 가능성, 그리고 실험실 간의 재현성의 결여이었다. 실제로 1957년 판 *'Bergey's Manual of Determinative Bacteriology'*에서 기술된 모든 종의 90% 이상이 균주간의 유사도를 보다 엄격하게 추정함으로써 이명(異名 synonym)으로 재분류되었거나 분류 체계에서 배제되었다(Amaral et al. 2014). 20세기 초중반에, 그 당시 박테리아 분류의 인위성이 인식되어, 박테리아 분류의 과학적 토대는 개체들의 자연적 관계들에 기반하여야 한다는 주장(Kluyver & van Niel 1936)이 이미 제기되었다.

1960년대에서 1980년대에는 화학분류학(chemotaxonomy), 수치분류학(numerical taxonomy)[1], DNA-DNA 혼성화(DNA-DNA hybridization, DDH) 기법이 사용되었다. 화학분류학은 세포 화학(cellular chemistries)의 유사도에 따라 생물체들을 그룹화하려고 화학 성분의 분포를 사용한다. 가장 많이 사용되는 화학 조성은 세포벽 아미노산, 지질, 메나키논, DNA의 G+C %, 뮤라민산(muramic acid) 타입 등이다. 수치분류학은 Sneath & Sokal (1973)에 의해 '분류학적 단위들을 그들의 특징들에 근거하여 수치 방법들에 의해서 분류군으로 그룹화하는 것(grouping)'으로 정의되었다. 수치분류학 방법들의 주요 특징은 선험적으로 모든 특징들이 같은 중요성을 갖는다는 것이어서, 이는 많은 고전적 미생물학자들이 수용하기 어려운 개념이었다. 고전적 미생물학자들은 어떤 테스트들이 다른 것들보다 분류군을 정의하는데에 더 중요하다고 생각하였다.

---

1) 수치분류학은 현재는 보통 사용되지 않는 기법이다. 이에 대한 상세한 설명은 Priest & Austin (1993)을 참고하기 바란다.

원핵생물의 분류학은 분자생물학과 분석화학의 기술 진보에 의해 상당한 발전을 하였다. 1960년대의 큰 발전은 G+C 함량(몰%)과 DDH이며, 이로 인해 유전체 비교가 가능해졌다. 종의 기술(記述)에 유전체 자료를 통합하는 것은 종의 정의에 중요한 영향을 주었고, 현재의 분류학적 분류 관점을 형성하였다. 후에, 70% 이상의 DDH 값은 종을 유전체적으로 한정(circumscription)하는 대략적인 기준 값으로 추천되었다. 1970년대의 큰 발전은 16S rRNA 유전자에 기반하는 계통의 재구성(genealogical reconstruction)이었고, 원핵생물 분류학에 중추가 되었다. 이는 하나의 균주에 기반한 신종 기술(記述) 논문들이 쏟아져 나온 결과를 가져오기도 하였다. 하나의 균주에 기반한 신종 기술은 종 내의 균주들의 다양성을 유의하지 못하여 불완전한 기술이 될 수 있는 약점이 있다.

수치분류학과 핵산 및 단백질의 구조에서 진화적 분기(divergence)를 측정하는 기법의 등장으로 박테리아 분류학은 더욱 객관적이 되었다(Wayne et al. 1987). 원핵생물 분류학의 새로운 파라다임은 1977년 Carl Woese가 16S rRNA를 정확한 진화 시계(evolutionary chronometers)로 사용하여 생명에서 3개의 역(域 Domain)을 발견(Woese & Fox 1977)함으로서 설정되었다. 1980년대 후반에는 DNA 증폭과 16S rRNA 유전자의 시퀀싱(sequencing) 기법이 등장하여 박테리아 분류학에 진화적 중추(中樞)를 제공하는 중요한 발전이 이루어지게 되었다. 1990년대 중반에는 유전체 전체를 시퀀싱함으로써 균주의 모든 유전 정보에 접근할 수 있는 발전이 이루어졌고, 지금은 진화적 관계를 추론하기 위하여 다수의 유전적 마아커들을 사용하는 계통유전체적(phylogenomic) 분석 방법들에 의해 박테리아 분류를 위한 토대로써 16S rRNA 유전자를 대신할 기회가 제공되고 있다.

지난 백여 년 동안 미생물 분류학의 역사는 가장 진보된 기술들을 합체한 점에서 진보적이었고, 표준(standards)과 규칙(rules)을 고수한 점에서 보수적이었다(Thompson et al. 2015). 진보된 기술들은 DDH, G+C % 측정, 16S rRNA 유전자 시퀀싱, MLSA (multilocus sequence analysis), 표현형 자료의 수치 분석(numerical analysis), 박테리아의 대사 및 표현형 특징 도입, 그리고 유전체 시퀀싱이다. 가까운 미래에는 '양질의 전체 게놈 시퀀스(high-quality complete genome sequences)'의 표준화되고 자동화된 큐레이션(curation)을 새로운 표준으로 사용하여 유전체-기반 원핵생물 분류학의 성립이 가능할 것으로 기대된다(Thompson et al. 2015).

진화 생물학자인 Stephen Jay Gould에 따르면, "분류(classifications)는 우리의 생각을 반영하고 지배한다. 우리가 배열(order)하는 방식은 우리가 생각하는 방식을 상징한다"고 하였다.

분류학을 정보 관리 시스템(information management systems)의 하나로 볼 수 있고, 분류학의 범위(scope)는 특징 규명(characterization), 분류와 명명(nomenclature)으로 볼 수 있듯이, 박테리아 분류학은 각각의 박테리아 균주에 대한 특징 규명에 의해 형성된 자료를 해석(즉, 분류)하고, 그 결과 명명을 수행하며, 이러한 활동의 결과 형성된 지식(Tindall 박사, SGM Meeting, 2010)으로 볼 수 있다. 특징 파악은 광범위하게(comprehensive) 수행되고, 분류는 이론, 가설, 논리(logic), 철학 등에 의해 조절되며(Lilburn & Garrity 2004), 원핵생물의 명명은 'International Committee on Systematics of Prokaryotes' (ICSP)의 후원 아래 'International Code of Nomenclature of Prokaryotes' (ICNP, 이하 '원핵생물 코드' 또는 '코드'라 함; Parker et al. 2019)에 의해 결정된다. 코드는 아종으로부터 강 수준까지의 모든 원핵생물의 명명을 지배한다.

BOX 1: International Committee on Systematics of Prokaryotes (ICSP)의 **분과위원회**: **기능 및 역할 소개**

ICSP에는 여러 분과위원회(subcommittee)가 있어서 각 분과위원회에서는 주요 그룹의 분류학에 대한 최근까지의 연구 결과들에 대하여 제반 정리(예, 명명상의 문제와 변화들)와 토의 및 제안(예, 단일 균주 분류군[single-strain taxa])을 한다. 그 결과는 IJSEM (International Journal of Systematic and Evolutionary Microbiology)에 의사록(Minutes)으로 발표하는데, 한 예로 *Halomonadaceae* 과에 대한 분류학에 대하여 분과위원회가 보고한 내용을 아래에 간략히 소개한다(Vreeland 2005): 의사록은 여러 세부 기록으로 구성되며, 참석자 명단의 기록, 안건 승인 기록, 지난 회의록을 모든 참석자에게 제공한 기록이 있고, *Halomonadaceae* 과에서 공인 발표된 이름들(validly published names)에 대한 토의 기록이 뒤 따른다. 여기서, 지난번 분과 위원회 이래로 보고된 모든 공인 발표된 이름들의 목록이 제시된다. 종명과 관련되어 토의도 한다: *Halomonas hydrothermalis*는 섭씨 40도 이상에서는 자라지 못하는데, 열수공(thermal vent) 지역의 저온 액체에서 분리되었다. 명명 법칙을 어긴 것은 아니지만, 종명이 다소 혼동스러울 수 있기 때문이다. 또한 *Halomonadaceae* 과 내에서 유일한 불확실한 위치(*incertae sedis*) 종인 *Pseudomonas beijerinckii*의 지위에 대하여 토의한 기록이 있다. 또한 *P. beijerinckii*의 적어도 한 균주가 인간에게 병원성을 가질 수 있음에 대하여 관심을 표명하고, 다음 회의에서 이 문제를 보고하기로 한다. 그리고 *Carnimonas nigrificans*의 균주를 얻을 수 없는 사안이 제기된다. 미생물균주 보존기관(culture collections)에 의하여 아마도 특허 균주로 간주되어 있을 수 있는데, 미생물균주 보존기관에 의하여 그와 같이 공식적으로 지명된 바는 없었다. 그리고 신종 기술(記述)에 필요한 최소 표준안에 관련된 현안들에 대하여 토의한다: 예를 들면, 새로운 분리균주들(isolates)에 대한 분류학적 연구는 조사되는 균주들의 최적 조건에서 실시되어야 함을 환기할 것을 토의하고, 모든 비교 연구에는 해당하는 속(genus)의 타입 종(type species)을 반드시 비교에 포함하도록 함을 논의한다. 모든 분과위원회의 위원들은 새로 기탁된(deposited) 분리균주들의 순수성(purity)과 타당성(validity; 적어도 생존가능성[viability]과 몇 개의 주요 특징들을 체크)을 인증함에 있어서 미생물균주 보존기관과 협력할 필요가 있음을 상기시키는 기록도 있다. 끝으로, 새로운 위원 구성에 대하여 토의하고, 다음 회의 일자 및 장소를 정하고 회의를 끝낸 기록을 남긴다.

ICNP 2008년 개정판은 총 4개의 장(Chapter)으로 구성되어 있다. 제 1장은 일반적 고려사항(General Considerations)으로 총 8개의 일반적 고려사항을 다루고, 제 2장은 원칙(Principles)으로 코드의 기초를 형성하는 총 9개의 원칙을 다루며, 제 3장은 추천 사항과 함께 명명 규칙(Rules of Nomenclature with Recommendations)을 설명한다. 총 65개의 규칙들이 언급되어 있다. 이와 같이, 코드는 원칙들, 규칙들과 추천들로 나뉘어진다. 원칙들은 코드의 기초를 형성한다. 규칙들은 원칙들이 유효하도록 만들어진 것이다. 그 결과, 규칙은 원칙들과 상반되면 안된다. 제 4장은 자문 노트(Advisory notes)로 기타 지침들을 제시하고 있다. 부록은 총 13개로 구성되어 있다. ICNP 2008년 개정판에는 몇 개의 새로운 부록이 첨가되었고, 부록 11은 *Candidatus* 개념의 적절한 적용에 대해 다루고 있다.

참고로, ICNP의 변천사를 간단히 소개한다: 박테리아 코드(Bacteriological Code 또는 *International Code of Nomenclature of Bacteria*)의 1990년 개정판이 1992년에 발표되었다. 1999년에 박테리아 계통학 국제 위원회('*International Committee on Systematics of Bacteria*, ICSB)' 이름이 원핵생물 계통학 국제 위원회('*International Committee on Systematics of Prokaryotes*, ICSP)'로 바뀌었고, 2000년에 '*International Journal of Systematic Bacteriology* (IJSB)' 학술지명이 '*International Journal of Systematic and Evolutionary Microbiology* (IJSEM)'로 바뀌었다. 1999년 ICSB 회의의 의사록을 채택함으로서, 명명 코드는 공식적으로 '*International Code of Nomenclature of Bacteria*' (ICNB)로부터 '*International Code of Nomenclature of Prokaryotes* (ICNP)'로 바뀌었다.

코드는 명명(nomenclature)을 조절하지만, 주요 목표의 하나는 원핵생물 이름의 안정성을 유지하는 것으로, 그 자체가 원핵생물의 분류와 원핵생물에 대해 얻어진 자료를 해석하는 방식에 연결되어 있다('원핵생물 코드'의 서론 참조). '코드'는 1) 분류군들은 구별될 수 있어야 하고, 2) 타입들은 적절하게 지정되어야 하며, 3) 인증된(authentic) 균주들은 제한없이 가용해야하고, 4) 기술(記述)을 함에 있어서 기반이 되는 자료들을 포함하여야 함을 규정하는 명확한 규칙을 정하고 있다.

Box 2: ICSB (International Committee on Systematic Bacteriology) 분과위원회의 회의록

2000년 IJSEM에 발표된 *Halobacteriaceae* 과에 대한 ICSB 분과위원회의 회의록은 비공개회의와 공개회의로 구성되어 있다. 앞에서 회의록의 상세한 구성에 대하여 소개하였으므로, 여기서는 앞의 회의록과 내용상에서 중복이 되지 않는 내용들을 소개한다. 비공개 회의(closed meeting)의 회의록에는 분과위원회 회의에서 승인된, *Halobacteriales* 목에서 새 분류군의 기술에 대해 제안된 최소 표준안(proposed minimal standards)이 발표되었음(Oren et al. 1997)이 회의록에 나타난다. 공개회의(open meeting) 회의록에는 새 분류군 또는 현존 분류군의 재분류에 대한 보고가 있고, 토의가 진행된 내용이 기록되어 있다. 한 예로 *Haloarcula mukohataei*가 새로운 속으로 재분류될 가능성이 토의되고, 저자들에게 '최소 표준(Minimal Standards)'에 따라 기술을 준비할 것을 추천하기로 결정한 기록이 있다. 많은 불확실한 위치의 종들이 분류상의 평가를 필요로 하고 있는데, *Haloarcula aidinensis*, *Haloarcula californiae*, *Haloferax larsenii*, *Natronobacterium innermongoliae* 등 이다. 분과위원회는 위의 종들을 분리한 연구자들에게 연락하여 완전한 기술을 발표하도록 권장하는 기록이 있다. 그리고 미생물균주 보존기관에서 종명을 잘못 사용하고 있는 것을 발견하고, 이를 교정할 것을 요청하기로 한다. *Halobacteriaceae* 과에 속한 속을 3 글자로 줄여서 표현하기로 합의를 본다: *Haloarcula* (*Har*), *Haloferax* (*Hfx*), *Natronobacterium* (*Nbt*) 등.

앞에서 언급된 바와 같이 새로운 기법과 기술의 진보가 이루어짐에 따라 분류학도 발전되어 왔다. 분류학의 변천을 잘 나타내주는 사례를 하나 소개한다. *Streptococcus*의 분류 체계는 1930년대 초에 *Streptococcus*의 세포벽 다당류(cell-wall polysaccharides)의 항원 특성의 차이에 기반하여 Rebecca Lancefield에 의해 개발되었다(Mistou et al. 2016). *Streptococcus*의 혈청형별 체계(serotyping scheme 血清型別 體系)는 처음에는 그룹 A-E의 *Streptococcus*를 구별(discriminate)하였으나, 20개의 혈청형(serotype)으로 확장되었다. 그러나 Lancefield 형별(typing)로 종 수준에서의 분류는 어려웠다. 결국 *Streptococcus* 속의 분류와 명명은 수년간에 걸쳐 재평가되었고 재분류되기에 이르렀다. 그 결과 *Streptococcus* 속은 3개의 속으로 분리된다: *Enterococcus*, *Lactococcus*, 그리고 *Streptococcus* (Schleifer et al. 1985). 오늘날은 이들 3개의 속에 150 종 이상이 알려져 있다. 이들 속은 *Lactobacillales* 목에 포함되어 있다. 이러한 변화는 DDH와 16S rRNA 유전자 시퀀싱의 적용에 기인하였다. 이와 같이, 과학의 발전이 이루어지면 정기적으로 분류를 조절하는 과정이 필요하게 된다(Stackebrandt et al. 2002).

다음엔 미생물 생태학 분야에서 이루어진 주요 발전들이 박테리아 분류학에 영향을 주었음을 간략히 살펴본다. 해양 박테리아의 연구는 초기에 주로 여러 배지(media)를 사용하여 분리 배양된 박테리아(cultured bacteria)에 대한 연구에 기반하였다. 1970년대 중반에 와서는 에피형광 현미경(epifluorescence microscope) 기법의 도입과 박테리아 생산력 측정 방법의 개발로 박테리아 군집이 해양에서 갖는 생태적 기능과 역할에 대한 연구로 발전하였고, 해양 미생물 생태학의 태동을 보게 되었다. 1980년대에 인공 배지에 배양되지 않는 박테리아(uncultured bacteria)가 해수에 많이 존재한다는 사실을 알게 되었고, 이러한 박테리아가 병원성/생태적으로 중요함이 인식되었다. 그리고 담수와 토양 환경에서도 마찬가지로 배양되지 않는 박테리아의 중요성이 인식되었다.

그러나 지난 수십 년 동안 새로 발견된, 배양되지 않은 원핵생물 분류군의 대부분은 린네의 이명법 이름(Linnean binominal names)을 갖지 못하고, 'SAR11 clade Ia'와 같은 영숫자 식별자(alphanumeric identifiers)를 갖게 되었다. 영숫자 식별자는 표현형이나 생태적 특징의 기술 또는 분류적 범주(목, 과, 속, 또는 종)를 나타내 주지 못한다. 더구나 같은 박테리아 분류군에 대해서 다른 영숫자 식별자로 지칭되는 경우도 있어 혼란을 가져오기도 한다.

배양되지 않은 원핵생물에 대한 기술은 1990년대 초에 분자 생물학적 기법(즉, 16S rRNA 시퀀싱과 FISH [fluorescence *in situ* hybridization])의 발달로 특정 분류군의 세포를 관찰하는 것이 가능해 지면서, 해양에는 종전에 알려지지 않았던 매우 다양하고, 새로운, 배양되지 않은 *박테리아* 및 *아키아*(*Archaea*)들이 존재함을 알게 되었다. 곧 이들 새로운 원핵생물들의 분리 방법의 개발과 생리적 특징 규명에 대한 연구에 박차를 가하게 되었다. 임시로 분류학 지위가 설정된, '*Candidatus*' (Murray & Schleifer 1994)로 명명되는 원핵생물은 배양되지는 않았지만 생태적으로 그리고 몇 가지 형태적, 생리적 특징이 규명된 종들이다. *Candidatus*의 기술은 FISH 기법을 사용하여 세포의 형태, 크기, 서식처 등을 관찰함으로써 가능하였고, 서식 환경으로부터 성장 온도, 성장 염분 등의 추정으로 가능하였다. 또한 시퀀싱 자료로부터 환경에서 해당 분류군의 출현에 대한 시공간 정보를 얻을 수 있었다(4.10. *Candidatus* 보고하기 참조).

지구상에 있는 원핵생물 종의 수는 수백만에서 수조(Locey & Lennon 2016)에 달하는 것으로 추정되며, 대부분은 아마도 지금까지 배양이 되지 않은 원핵생물들일 것으로 여겨진다. 현재(現在) 원핵생물의 분류는 순수 배양체(cultures)에 국한되어 있다고 해도 과언이 아니다.

분류학(taxonomy)은 생물체들을 유사성과 관계들에 기반하여 그룹(분류군)으로 질서정연하게 배치(=분류)하는 이론과 실제로 정의된다(Oren 2009). 분류학은 분류(classification), 명명(nomenclature) 및 동정(identification)으로 구성되어 있다. 동정은 분리된 균주의 정체(identity)가 확립된 분류군의 일원인지 아니면 이전에 확인되지 않은 종의 일원인지를 결정하는데에 있어서 분류와 명명의 기술들(arts)을 실제적으로 사용한다. 분류학자들은 분류군 간에 자연적 연관도(natural relatedness)가 적절히 반영된 체계를 분류에 제공하고자 하였다. 분류학(taxonomy)은 종종 계통학의 동의어로 사용된다(Oren 2009). 박테리아 분류학은 전통적으로 표현형 비교에 크게 의존하는 동정과 기술의 실제적 측면에 집중하여 왔다. 현재는 유전 정보, 특히, DNA 시퀀스 자료의 사용이 증가하여 원핵생물의 분류학은 더욱 더 진화계통 관계들을 반영하게 되었다(예, 유전체 분류학). 이와 같은 맥락에서, 저자들도 본 저술에서 분류학과 계통학(systematics)을 같은 의미로 사용하였다[2]. 원핵생물의 분류학은 다양한 환경에 서식하는 박테리아와 아키아의 엄청난 다양성과 그들의 관계성을 적절하게 기술할 수 있도록 해야 한다(Thompson et al. 2015). 원핵생물 분류학은 신종의 분류와 새로운 분류군의 창조, 명명, 그리고 분리균주들을 알려진 종으로 동정하는 것을 포괄한다. 다른 분류학과 같이 박테리아 분류학도 많은 정보량(information content)에 기초하고, 재현 가능성이 있어(reproducible)야 하고, 안정(stable)해야 하며, 정확하고(accurate) 신뢰할 수 있어야(reliable) 한다. 동정과 분류를 위해 분류학에서 사용되는 실험 방법들은 신뢰할 수 있어야 하고, 재현성이 있으며, 정보력이 있어야(informative) 한다. 또한 이들 실험 방법들은 쉽고, 최종 사용자들에게 저렴하여야 한다. 그리고 원핵생물 분류학은 임상 또는 환경 시료에 있는 원핵생물 균주들의 동정에도 신뢰가 가게 해야 한다.

계통학(systematics)은 생물체들(organisms)을 정연한 방식으로 배치하고 특징 규명을 하는 것을 목적으로 하는 생물체들에 대한 과학적 연구이다(Oren 2009). 계통학은 생물체들의 다양성과 상호관계성(interrelationships)을 연구하는 분야로 정의될 수도 있고, 진화적 및 진화

---

2) 미생물학·분자생물학 사전(대학서림 1997)은 taxonomy와 systematics를 모두 분류학으로 번역하였다.

계통적 개념을 포함한다(Oren 2009). 관계는 진화계통수(phylogenetic tree)로 나타내어진다. 원핵생물 계통학(prokaryotic systematics)은 균주들의 분류, 명명 및 동정을 하기 위한 안정된 틀 구조를 제공하며, 모든 미생물학자들의 연구 활동을 위한 틀 구조를 제공하는 중요한 기초 학문이다(Sutcliffe et al. 2012). 계통학은 종종 분류학(taxonomy)과 동일한 의미로 사용되기도 하지만, 분류학을 계통학의 특정 분야로 바라보는 견해도 있다(Kämpfer 2012). 분자생물학 방법의 도입은 박테리아 계통학 안에 여러 흐름의 형성을 가져왔다(Stackebrandt & Goebel 1994). 예를 들어, 진화적 연구(개체의 기원과 진화 경로), 진화계통 및 표현형에 기반한 정보를 결합시킨 기술적(記述的) 연구, 배양되지 않은 분류군들을 찾는 환경미생물 연구, 의학 및 수의학에서 진단(diagnosis) 방법의 개발, 그리고 생물학적 테러(bioterrorism)에 관련된 병원체를 신속히 동정하는 즉각적으로 가용한 진단 기법들의 연구들이다.

원핵생물 계통학의 대부분의 논문들은 신종과 신속의 분류군을 명명한 기술들이다. 그림 1은 지난 거의 40여 년간 발표된 신종 원핵생물들의 수를 보여주고 있다. 1980년 'Approved List (AL)'의 새로운 원핵생물 분류 체계의 시작에 있는(Skerman et al. 1980) 원핵생물 종의 수는 1792 종 이었다. 현재는 빠르게 증가하고 있으며, 2017년까지 공인 기술된 종(validly described species)은 약 16,300 종에 이른다(**그림** 1).

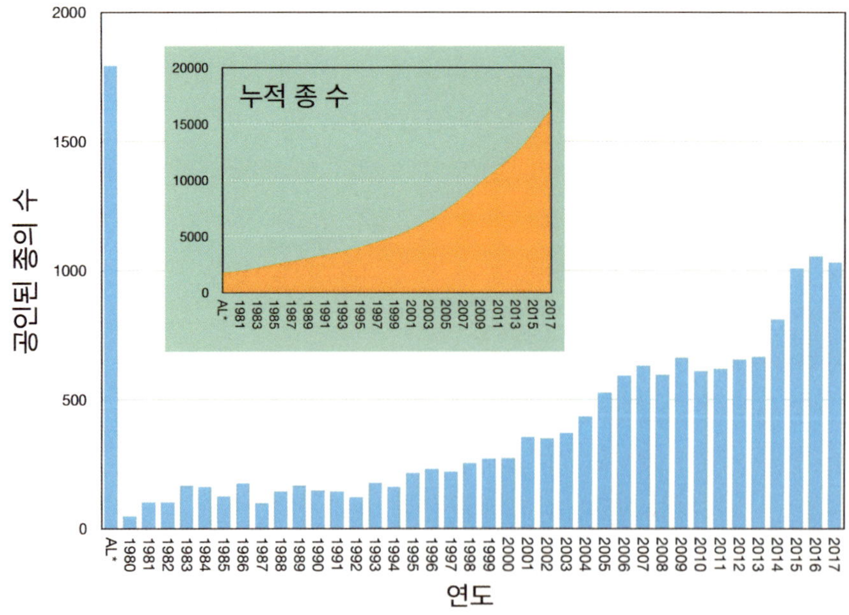

그림 1. 공인된 원핵생물 종의 연도별 수와 누적된 수. 2017년까지 총 16,300여 종이 알려져 있음 (http://www.bacterio.net; Parte 2018). AL*: 1979년 이전 자료(Skerman et al. 1980).

종합하면, 박테리아 분류학은 박테리아 다양성을 체계적 방식(orderly manner)으로 배치(arranging)하고 특징을 규명(characterizing)하는 과정이다(Dellaglio et al. 2004). 이러한 작업에서 기본적 실재(basic entity)는 종(種 species)이며, 유사한 개체들의 군(群 group)을 계층적 도식(hierarchical scheme)으로 파악하는 것이다. 분류학의 목적은 종을 정의하는 것이라 해도 과언이 아닐 것이다. 원핵생물 분류학은 어느 특정 환경에 있는 원핵생물의 기능적 역할을 이해할 수 있도록 원핵생물의 신뢰할 만한 동정(identification)을 위한 틀 구조(framework)를 제공하는 것이 바람직하다. 원핵생물 분류학자는 미생물의 세계를 기술하는 역할에 있어서 미생물 생태학자와 진화계통학자(phylogenist)들과 함께 하는 것이 바람직하다고 하겠다.

제2장 원핵생물 종(Species)의 개념

조병철 | 황청연

2.1. 원핵생물에 있어서 종의 개념과 정의

종(species)은 생물 다양성의 기본 단위이다. 진핵생물의 분류에서와 같이, 종은 원핵생물의 분류학에서 기본 단위가 된다. 종의 동물학적 정의(zoological definition)는 진화계통적 이웃들(phylogenetic neighbors)로부터 생식적으로 격리되어 있으며, 개체군 내에서 상호교잡이 있는 또는 잠재적으로 상호교잡이 있는 자연의 개체군을 말한다. 이러한 생물학적 종의 개념은 형태적/표현형적 특징들에 기반하지 않고 유전자 이동(gene flow) 능력과 같은 유전적 특징에 기반하기 때문에, 동·식물 종의 정의에서 폭넓은 지지를 받아왔다.

최근 Bobay & Ochman (2017)은 개체군 유전체 자료로부터 유전자 이동에 기반한 생물학적 종의 정의가 진핵생물은 물론 박테리아와 아키아에도 적용할 수 있음을 제시하였다. 박테리아는 전적으로 무성 생식을 함에도 불구하고 박테리아 사이에서 유전자를 이전하는 것이 알려져 왔다. 개체군 유전학적 방법에 의해 분석된 대부분의 명명된 박테리아 종들은 유전자 교환의 증거를 보여준다(Pérez-Losada et al. 2006).

박테리아에서 유전자 교환은 상동성 재조합(homologous recombination)과 수평 유전자 전이(horizontal gene transfer)의 두 형태를 취한다. 수평 유전자 전이에서는 상주하는(resident) 유전자들의 시퀀스가 온전하게 유지된다. 수평 유전자 전이는 동종 사이에서의 재조합의 량에 비해 드물다. 그러므로, 박테리아에서 종-수준 다양성을 정량화할 때는 상동성 교환에 의한 재조합에만 관심을 갖는다. 유사한 DNA 시퀀스들의 유전적 교환(genetic exchange)을 통해 유전물질을 획득하는 상동성 재조합은 대부분의 박테리아 종에서 대립인자(allele) 변이에 측정 가능한 영향을 주기 때문에, 유성생식을 하는 진핵생물에서와 같이 상동성 재조합에 대한 장벽이 박테리아에서 종을 정의할 수 있을 것으로 예견되었다(Bobay & Ochman 2017). Bobay & Ochman (2017)은 91개 박테리아 종(13개의 문에 해당하는 20,000개 이상의 유전체)으로 분류되는 균주들 사이에서 유전자 이동의 유형과 중단(interruption)을 검출하는데에 유전체에 기반한 방식을 사용하였다. 유전자 이동은 핵심 유전체(core genome)의 연쇄(concatenate)에 있는 비상사성적 다형성(nonhomoplasic polymorphisms, *m*)에 대한 상사성적 다형성(homoplasic polymorphisms, *h*)의 상대적 빈도부터 추정되었다. 상사성들[3](homoplasies)은 재조합 사건 또는 균주들에서 동일한 위치에서 발생하는 수렴성 돌연변이(convergent mutations)로 인해 발생한다. 상사성적 다형성의 추정은 균주들 사이에서 재조합(=유전자 이동)의 정도(extent)를 직접적으로 나타낼 것으로 추론되었다. 그리고 수렴성 돌연변이는 대부분의 경우, 매우 적은 상사성을 생성하는 것으로 추정되었다(Bobay & Ochman 2017). 유전자 이동을 추정하는 과정은 다음과 같았다: n 개의 균주로 구성된 종에서 i개 균주(i는 4개에서 n-2개의 범위를 갖음)를 각 i 값에 대해 100회 부표본(subsample)을 반복하고, 각 반복마다 모든 균주들에 공통된 핵심 유전체를 연쇄한 시퀀스의 정렬(alignment)로부터 임의로 택한 10 kb에 대해서 *h/m* 비를 계산함으로써, 균주들 사이에서 재조합(=유전자 이동)의 정도(extent)를 정량화하였다. 그 결과 3개의 유전자 교환 유형이 발견되었다: 91개의 경우 중 대부분(54 경우)은 명명된 종 내의 모든 균주들 사이에 상대적으로 균질한 유전자 이동이 있는 것으로 나타났다(예, *Kingella kingae*). 나머지의 21 경우는 둘 또는 그 이상의 생식적으로 고립된 그룹들을 포함하는 종들로 나타났다(예, *Buckholderia pseudomallei*). 이는 ≥97% 16S rRNA 동일성(identity)이나 ≥94% ANI (average nucleotide identity, 평균 뉴클레오티드 동일성)에 의해 기술된 종들이 여러 종을 포함함을 시사한다. 나머지 경우는 균주들 사이에 재조합의 정도가 낮아서 유전자 이동을 추정하기 어려운 것으로 나타났다. 이러한 종들은 순수한 클론(clone) 계열이거나 다수의 종(각 종들의 시료 크기가 작아서 재조합을 검출할 수 없는)으로 구성되었을 가능성이 있다.

조사된 종들 전체에 걸쳐 유전자 이동의 량과 시퀀스 분기 정도(유전체 전체에 대한 평균 시퀀스 동일성에 근거한) 간에 일관된 경향은 관찰되지 않았다. 어떤 종은 양의 상관관계를 나타내어, 재조합은 더 유사한 균주들 간에 일어남을 시사하였다. 어떤 종은 음의 상관관계를 나타내어(예, *Pseudomonas putida*), 더 먼 균주들간에 재조합이 우선적으로 일어남을 시사하였다. *Campylobacter coli*도 시퀀스 유사성과 유전자 이동 사이에서 강한 음의 관계를 나타내는데, 이 종이 동족체(congener)인 *Campylobacter jejuni*로부터 대립유전자들의 상당한 부분을 흡수한다는 사실은 먼 친척들과 재조합하는 경향을 확인시켜 준다. 이는 종의 경계를 허무는

3) 상사성들은 하나의 조상으로부터 물려받아 생긴 것이 아닌, 주로 재조합을 통해 생긴 것. 종 내의 균주들 간에서 관찰되는 이러한 공유된 다형성을 상사성(homoplasy)이라 한다. 상사성적 다형성은 각각의 다형성 위치(polymorphic site)에서 소수의 대립인자(minor allele)가 포함된 균주들 간의 유전체-전반에 걸친 거리에 기반하고 설정된 기준에 부합하면, 그 'minor allele'를 상사성인 것으로 간주하여서 추정된다(Bobay & Ochman 2017 참조).

잡종형성(hybridization)의 경우가 박테리아에서도 일어남을 보여주는 사례라 하겠다(Bobay & Ochman 2017). 이중 가닥 DNA 접합(conjugation) 시스템은 실험실에서 *Streptomyces* 균주들 사이에서 종간 재조합을 가능하게 하며, 각 부모로부터 거의 동등한 유전적 기여를 받은 유전체를 갖는 잡종 균주들을 생성시킬 수 있다고 알려져 있다(Andam et al. 2016).

유전자 교환이 발견되지 않는 박테리아는 *Buchnera* 같은 공생자들로 알려져 있다. 동물의 1% 미만은 단성생식(parthenogenesis)이고, 자가수정 또는 영양 생식하는 것으로 추정되는 식물의 20-30%는 생물학적 종의 개념에 맞지 않는다. 15% 미만의 박테리아는 유전자 이동이 너무 낮아 생물학적 종의 개념에 기반한 종으로 지정될 수 없는 것으로 보였다. 따라서, 원핵생물과 진핵생물은 재조합하지 않는 소수의 계열들을 갖는 것으로 보인다(Bobay & Ochman 2017). 그러므로 유전자 이동에 기반한 생물학적 종의 정의는 진핵생물은 물론 원핵생물에도 적용 가능한 것으로 보인다.

종의 개념은 기본 단위가 무엇인가를 설명하는 이론적 틀(framework)이며 보편적인 관념(idea)이다. **원핵생물 종의 개념**은 다른 연관된 개체군들과는 진단적 특성들에 의해 구별될 수 있는, 분리된(discrete), 단원적(monophyletic)이며, 표현형적으로 그리고 유전체적으로 균질한(homogenous) 원핵생물의 개체군을 말하는 것으로 기술되고 있다(Rosselló-Móra & Amann 2001, Stackebrandt et al. 2002). 또한 종(species)과 같은 분류군(taxon)은 정적인 것이 아니라 진화하는 것이란 점을 유념해야 한다. 박테리아 종의 개념을 포함하여 분류학의 근간이 되는 기초가 진화임은 현재 널리 받아들여지고 있다(Stackebrandt et al. 2002). 따라서 분류적 위계(rank)에서 균주들의 소속(memberships)을 나타내기 위하여 종이란 용어가 하나의 범주로서 사용되려면, 안정하고, 재현 가능하며, 일관성 있는(coherency) 어떤 지침들(guidelines)이 필요하다.

종의 정의(species definition)는 기본 단위를 한정하는 방법 즉, 종이 기술되는 방식을 말한다. 박테리아와 아키아에 대한 종 개념의 보편적이며 실용적인 체계화(formulation)는 현재의 분류학 및 기술 발달의 지식에 기반하여 수립될 수 있다. 최근의 대량 생산(high-throughput) 기술의 발달에 기초하여, 생물학적 단위들을 그 계보(genealogic), 유전체 및 표현형적 일관성(coherence)에 기반하여서 한정하는 것이 가능하다(Rosselló-Móra & Amann 2015): 종은 단원적(monophyletic)이며 유전체 및 표현형에서 일관성 있는 개체군들을 한정하는 하나의 범주이며, 표준화된 매개변수들(예, 특징있는 요소들로서 유전형 또는 표현형 자료에 기반)에 의하여 다른 실재들로부터 명백히 구분될 수 있다. 종을 한정하는 능력은 측정 가능한 매개변수들에 달려 있다.

널리 받아들여지고 있는 박테리아 종의 정의는 유전체 유사도(genomic similarity)에 근거하고 있다. 유전체 종(genomic species)은 최적의 혼성화(hybridization) 온도에서 전체 게놈 혼성화(whole genome hybridization)를 사용하여 결정된 유사도가 70%를 기준으로 하고 (Wayne et al. 1987), 그리고 16S rRNA 유전자의 시퀀스 유사도는 97%를 기준으로 하여 정의된다(Stackebrandt & Goebel 1994, Cohan 2002). DNA-DNA 혼성화(DDH)는 원핵생물들 사이의 유전적 연관도를 추정하기 위해서 널리 사용되는 경험적으로 고안된 기법으로, 지금도 원핵생물의 종을 나누는데 있어 황금표준으로 간주된다. DDH 값이 70% 이하이면 테스트된 원핵생물은 별도의 종에 속함을 시사한다. 그러나 70% 기준(cut-off) 값이 모든 원핵생물에 적용될 수 없다: *Rickettsia* 속의 종들간의 DDH 값은 많은 경우 70% 이상이다.

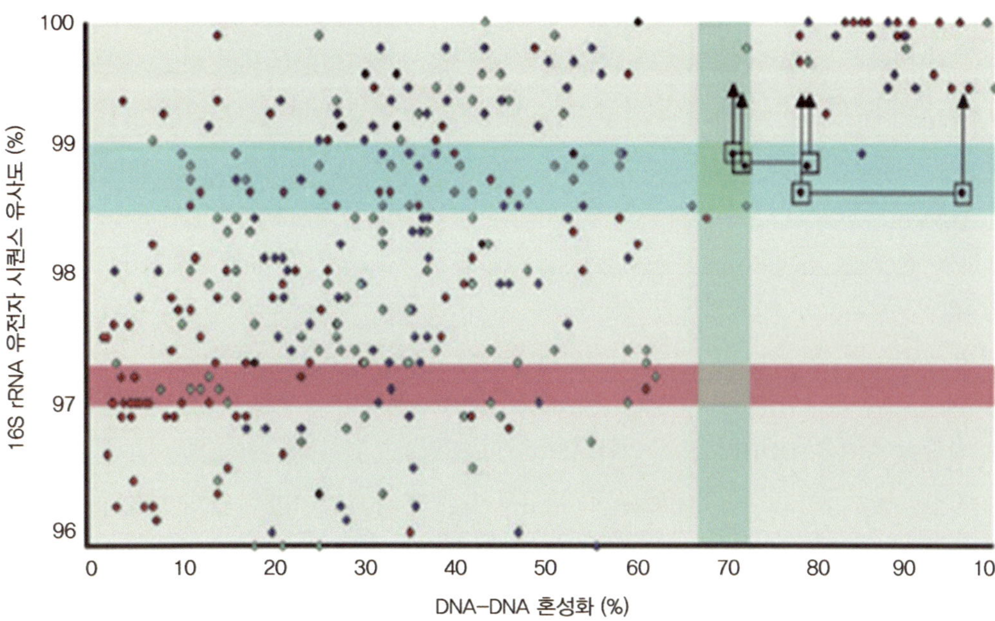

그림 2. 16S rRNA 유전자 시퀀스 유사도(%)와 DNA–DNA 혼성화(%) 값의 비교. 기호들의 색깔은 사용된 혼성화 기법의 차이를 나타냄. 빨간색: 마이크로적정 판 기법, 짙은 파란색: 분광광도 기법, 옅은 파란색: 막여과 기법, 검은색: 기타 기법. 정사각형(⊡) 사이의 가로선은 서로 다른 두 가지 혼성화 기법들이 이용된 자료임을 뜻함. 화살표는 Amakata et al. (2005) 자료를 재평가한 결과임. 파란색의 가로 막대는 새롭게 제안된 DNA–DNA 혼성화 실험이 필요한 문턱값의 범위를 나타냄(Stackebrandt & Ebers 2006). 빨간색의 가로 막대는 기존에 발표된 문턱값의 범위를 나타냄(Stackebrandt & Goebel 1994). [그림 출처: Stackebrandt & Ebers (2006)]

이러한 근거는 DNA-DNA 연관도와 16S rRNA 유사도 간의 관계도(**그림** 2)에서 잘 나타나 있다: DDH에 의하여 결정되듯이 16S rRNA에서 97% 이하의 유사도를 갖는(즉, 3% 이상 다른) 균주들은 거의 항상 다른 종의 일원들(members)이며, 97%보다 높은 유사도를 갖는 균주들은 다른 종의 일원들이거나 또는 같은 종의 일원들이다.

실제로 *Maribius salinus*와 *M. pelagius*는 16S rRNA 유사도가 99%이어서 같은 종으로 볼 수 있었으나, DDH 값이 70% 미만이어서 유전체 종으로 간주되었고, 표현 형질들이 다른 것들이 있어 두 개의 신종으로 보고되었다(Choi et al. 2007). 그러나 DDH에 의해 정의(delimited)되는 유전체 종(대개 50-70% DDH 값의 범위에)은 가끔 표현형(phynotypes)이 너무 유사한 경우가 있을 수 있는데, 이 경우 하나의 名種(nomenspecies)에 2개 이상의 유전체 종을 포함하는 방안이 제안되었다(Ursing et al. 1995). 그리고 하나의 명종 안에 있는 유전체 종들은 genomovars로 간주하여 번호를 매기고, 그 해당 균주는 미생물균주 보존기관에 기탁되도록 Ursing et al. (1995)은 제안하였다. 그리하면 명종이 기본 단위인 박테리아 분류(classification)에서 가능한 많은 유전체 종들이 한 위치를 갖게 되어 분류 연구에서 고려되기 때문이고, 나중에 표현형적으로 명확히 기술되면(delimited), 하나의 종으로 명명될 수 있기 때문이다.

Sikorski et al. (2005)은 *Pseudomonas stutzeri*의 440개 균주 가운데서 8개의 균주를 16S rDNA 시퀀스 분석에 근거해서 각각 새로운 유전체 그룹(genomic group)으로 판단하고, DDH, 16S-23S rRNA 공간 지역 시퀀스(ITS, internal transcribed spacer)와 *P. stutzeri* 종을 정의하는 기본적인 생리 특성 등을 *P. stutzeri* genomovars의 균주들(genomovars 1-10)과 비교 실험을 하였다. DDH 실험의 결과, 70%보다 일반적으로 낮게 나타났다. 생리 실험 결과는 8개의 균주들이 모두 *P. stutzeri*에 특징적인 특성을 보여, 8개의 균주들을 genomovars 11-18로 추가 제안하였다.

16S rRNA 유전자 시퀀스 유사도가 거의 동일하나 다른 박테리아로 판정된 다른 예들로는 식품에서 분리된 *Staphylococcus carnosus*와 *S. condimenti*의 타입[4] 균주들로 매우 높은 16S rRNA 유전자 유사도(>99.9%)를 보였음에도 불구하고, DDH 결과는 58%로 구별되는 종으로

4) 타입 균주(type strain)는 신종을 보고하는 저자가 제안하려는 신종의 특정 균주를 타입으로 지정하여 생긴다. 신종 연구는 가깝게 연관된 타입 균주와의 비교에 기반하여야 한다. 타입 균주가 아닌 것은 모두 참고 균주(reference strain)이다.

나타났다(Probst et al. 1998). 친저온성인 *Bacillus psychrophilus*와 *B. globisporus* 균주는 거의 동일한(99.8%) 16S rRNA 유전자 시퀀스를 갖고 표현형적으로도 유사하지만, DDH 결과(23-50%)는 같은 종에 속하지 않음을 제시하였다(Fox et al. 1992). 이러한 결과는 아주 최근에 분기된 종들은 16S rRNA 유전자 시퀀스로 구별되지 않을 수도 있음을 나타낸다.

이와 같이, 종으로 지정되려면 다른 종들과 구별되는 표현 형질의 특징들(phenotypic characteristics)이 있어야 한다(Wayne et al. 1987, Rosselló-Móra & Amann 2001). 진화계통적 자료로 사용되는 시퀀스들은 게놈의 작은 부분에서 왔기 때문이다. 그래서 유기체(organism)의 전체적 능력(capability)을 분류학적 배치(arrangements)에서 고려하려는 것이다.

DDH 값은 몇 가지 물리·화학적 변수들에 의해 영향을 받기 때문에, 다른 실험자에 의하여 DDH 실험을 반복하게 되면 다른 값이 얻어질 수도 있다. 이 경우 70% 이상의 값이 나오면 분류학적으로 재배치(rearrangement)가 생길 수 있게 된다. 한 예를 들면, 처음에 결정된 DDH 값은 42% 이었는데 나중에 재측정한 결과 73%로 나타나, *Lactobacillus arizonensis* (Swezey et al. 2000)는 *L. plantarum* (Kostinek et al. 2005)의 이형 이명(異型 異名 heterotypic synonym)으로 판명되었다. 그럼에도 불구하고, Meier-Kolthoff et al. (2013a)은 현재 주로 사용되고 있는 DDH 방법들은 통계적으로 유의하게 차이가 나지 않는 값들을 주는 것으로 나타나 믿을 만하다고 보고하였다.

DDH 방법은 그 단점에도 불구하고, 여전히 박테리아 분류학에서 유용한, 인정되는 황금표준(gold standard)이다. 지금까지 게놈 전체에 걸친(genome-wide) 비교를 할 수 있으며, 보편적 적용성과 비용상의 효과성을 가진 다른 기법이 없었다. 그러나 DDH 측정을 하려면, 모든 실험실이 갖추고 있지 않은 특별한 시설이 필요하다. 노동력이 많이 드는 이 방법은 재현성이 부족하다는 비판이 있다. DDH는 지금의 게놈 시대에서 구식이 되어가고 있고, 유전체 염기서열(genome sequence)을 이용한 보다 쉽고 신빙성 있는 생물정보학적 방법(예, ANI, AAI [average amino acid identity, 평균 아미노산 동일성])으로 대체되고 있다.

최근 Stackebrandt & Ebers (2006)은 70% DDH 값에 상응하는 16S rDNA 시퀀스 유사도 값을 97%가 아닌 98.7-99%로 상향 제안하였다. 즉, 이 값에선 새로운 분리균주(isolate)의 유전체적 유일성(genomic uniqueness)을 (즉, 신종 여부를) 테스트하기 위해서는 DDH 실험이 반드시 수행되어야 한다고 제안하였다. 이러한 상향된 기준(threshold) 값이 타당한가를 통계적 기법을 사용하여 정착시킨 연구가(Meier-Kolthoff et al. 2013a) 보고되었고, 문(Phylum) 별로 보면 16S rRNA 기준 값은 오차(error)의 최대 확률이 1%인 경우(1%는 합리적임), *Actinobacteria*, *Firmicutes*, *Proteobacteria*, *Deinococcus-Thermus*, *Euryarchaeota*, *Bacteroidetes*에 대해서 각각 99.0, 98.8, 98.7, 98.5, 98.2, 98.2%로 보고되었다. 분류군이 위와 다를 경우는 기준 값으로 98.8%의 사용을 권하였다. 게놈 시퀀싱(genome sequencing)이 종의 기술에서 통상적으로 사용될 때까지는, '박테리아 종의 판별'이 필수적으로 요구되는 상황에서 DDH를 사용하는 것은 불가피해 보인다.

2.1.1. 다유전자좌 시퀀스 분석(Multilocus sequence analysis, MLSA)

MLSA는 속 내에서 종들 또는 과(family) 내에서 속들의 진화계통적 관계의 더 높은 해상력을 얻기 위하여 사용되는 방법이다(Glaeser & Kämpfer 2015). 살림살이(housekeeping) 유전자들의 부분적(partial) 시퀀스(약 900 bp)들을 사용하여 진화계통수를 만들고 진화계통을 추론한다. 살림살이 유전자들 또는 MLSA에 사용되는 유전자들은 게놈에 하나만 존재해야 하고, 연구 대상인 분류군내의 모든 게놈에 존재해야 한다. 그러나 독력(毒力 virulence) 유전자와 같이 선택적 이점(selective advantage)에 의해 얻어질 수 있는 유전자들은 피해야 한다.

16S rRNA 유전자는 진화계통적 마아커로서 종의 수준에서는 충분한 분해능(resolution)을 갖지 못한다. 더 높은 분해능은 단백질을 코딩하는 여러 개의 유전자들을 시퀀싱하여 얻어진 DNA 단편들(fragments)을 연결한(concatenated) 후, 진화계통 분석을 수행함으로써 얻어질 수 있다. 원핵생물 분류학에서 이러한 방식은 MLSA라고 부른다.

연결된 시퀀스들을 정렬(alignment)하여 구한 계통수들은 원핵생물 분류군들의 실제 관계를 더 잘 반영하는 것으로 가정된다. 8개의 단백질-코딩 유전자들을 연결한 경우, 70-95% ANI를 갖는 균주들(=하나의 속에 연관된 종들에 속하는 균주들을 의미함)에 대해서 견고한 진화계통적 분해능을 제공하는 것으로 나타났다.

16S rRNA 유전자의 진화계통에 기반한 경우 몇 개의 준원적(paraphyletic)인, 구분이 어려운 속들을 포함하는 *Enterobacteriaceae* 과에서 문제가 있는 분류학적 상황을 명확히 하려는 연구들에서 MLSA가 적용되었다. *Enterobacter* 속의 종들에 대해 MLSA를 적용한 연구는 11개의 *Enterobact*er 종들을 3개의 새로 제안된 속들(*Lelliottia*, *Pluralibacter* 및 *Kosakonia*)로 재분류한 결과를 가져왔다. 그리고 *Enterobacter* 속과 *Cronobacter* 속의 기술이 수정되었다(Brady et al. 2013). 비브리오는 MLSA에 의해 그리고 유전체 분류학에 의해 맨 처음 평가된 분류군 중 하나이다(Sawabe et al. 2013; Thompson et al. 2005, 2009).

Alauzet et al. (2014)는 *Tissierella* 종들 및 가깝게 연관된 박테리아를 개체군 수준에서 연구하는데 사용될 수 있도록 4개의 살림살이 유전자(*tpi*, *recA*, *spo0A*와 *cnp60*)에 기반한 다유전자좌 분석을 개발하였다. 표현형적으로 *T. praeacuta*로 동정된 18개의 혐기성 임상 분리균주(isolates)에 대하여 이 방법과 유전체의 특징, 세포벽 구조, 형태, 대사 형질 분석을 수행한 결과, 신종 *Tissierella carlieri* 가 보고되었다. 개체군의 유전적 구조(genetic structure)는 *T. praeacuta*와 *T. carlieri* 사이에서 큰 유전적 교환이 없었고, 두 종의 개체군들이 유전적으로 고립됨이 시사되어, 두 개의 독립된 종으로써 정의됨을 입증하였다.

개체군 내의 모든 분리균주가 같은 표현형과 유전형(genotypic)을 가진 개체군이 존재할 확률은 낮을 것이다. 선험적인(a priori) 가정은 많은 종들은 둘 또는 그 이상의 개체군으로 분리되어 있다는 것이다. 대부분의 새로운 분류군에 대한 개체군 구조 정보는 없는 상태이며, 개체군 유전학 분야에서의 많은 연구 노력이 분류학 연구에도 도움이 될 것이다 (Christensen et al. 2001). 종의 정의에 대한 재평가는 항시 새로운 방법으로 시도되어야 할 것이다(Stackebrandt et al. 2002, Zeigler 2003).

BOX 3: **개체군 구조**(Population structure)-**아종**(Subspecies)

다음은 아종(Subspecies)의 기술(記述)에 대하여 알아본다. 종내의 개체군 구조(intraspecific population structure)를 여러 기법으로 규명할 필요가 있고, 이러한 시도는 분화(differentiation)와 종분화(speciation)의 진화적 과정을 조사하는 것이 된다. 만약 개체군 구조가 여러 기법에 의하여 나타나고, 진화적 자손(descent)이 명확히 결정되면, 진화에 근거한 아종의 이름이 안정하게 주어지게 될 것이다(Dellaglio et al. 2004). 종전에 독립된 종으로 간주되었던 *Lactobacillus delbrueckii*, *Lactobacillus lactis*, *Lactobacillus bulgaricus* (Rogosa & Hansen 1971)는 후에 DNA-DNA 혼성화 결과 유사성이 서로 간에 90-100%인 것으로 밝혀져 한 종으로 처리되었다. 우선권의 규칙에 따라, *L. delbrueckii*가 타입 종(type species)으로 지정되었고, 3 균주는 각각 *L. delbrueckii* subsp. *delbrueckii*, *L. delbrueckii* subsp. *lactis*, *L. delbrueckii* subsp. *bulgaricus*로 기술·확인되었다. 이들 세 아종은 뚜렷한 생태적 적응과 관련하여 현저하게 다른 형질(traits)들을 나타내었다. 이와 같이 아종은 유전적으로 가까운 개체들이지만, 표현형이 차이가 나는 경우에 지정(designation)된다(Wayne et al. 1987). 이들 아종 간의 진화적 관계, 이에 작용한 환경의 선택압과 이들 균주들의 적응에 대한 흥미로운 결과는 Germond et al. (2003)을 참조하기 바란다.

현재 아종에 대한 명확한 정의는 없다. 분류학자들에 의해서 제안되는 박테리아 종의 아종은 여러 실험(혈청학, 총 세포 단백질 전기영동 유형, 생화학 테스트 등)의 결과에 달려있다. 아종을 정의하는데 있어 유전체 자료를 비교하는 방법은 아직 확립되지 못한 상태이다(Chun et al. 2018). 한 예로, *Streptococcus constellatus* 아종 *pharyngis* SK1060과 *Streptococcus constellatus* 아종 *constellatus* SK53의 ANI 값은 96.69%로 나타났다. 반면에, *Campylobacter pinnipediorum*의 두 아종 간에는 94-95%의 상대적으로 낮은 ANI 값이 나타났다(Gilbert et al. 2017). 한편, *Fusobacterium nucleatum* 아종들은 ANI 값이 <93.1%이어서 종으로 재분류되었다(Kook et al. 2017). 앞서 언급된 것처럼 아종은 다수의 표현형이 차이가 있어야 하며, 구별될만한 타당한 이유가 있어야 한다.

참고로, 변종(Variety)은 아종(Subspecies)의 이명(synonym)이다. 용어로써 변종을 사용하는 것은 혼란을 가져오므로 장려되지 않는다(Rule 5c, ICNP, 2008 개정판 참조).

BOX 4. **수평 유전자 전이**(Horizontal gene transfer, HGT) **문제**

수평 유전자 전이는 종의 개념을 논의할 때에 반드시 포함되어야 한다. 신속한 시퀀싱의 기술 덕택에 자연계의 원핵생물들에서 높은 다양성이 보고되었고, 역설적으로 원핵생물을 종으로 분류하는 일이 단순하지 않다는 것이 점점 밝혀지고 있다. 이는 상당한 수평 유전자 교환(horizontal gene exchanges)이 박테리아, 아키아, 그리고 이들의 바이러스 간에 빈번히 존재하여 진화계통상 엉킴이(phylogenetic entanglements) 야기되고 있기 때문이다(참조: Bohannon 2008).

한 예로, 탄저병의 원인인 *Bacillus anthracis*, 살충제(insecticide)를 생성하는 *B. thuringiensis*와 토양에서 광범위하게 발견되는 *B. cereus*는 서로 다른 종으로 구분되지만, 특징적 유전자를 인코딩하고 있는 플라스미드(plasmid)를 제외하면 다른 종으로 구별할 수 없다는 것이 알려져(Helgason et al. 2000), 수평 유전자 전이가 종분화에 중요한 형질 차이를 야기할 수 있음을 시사하였다. 또한 다수의 genomovar (형질적 차이는 뚜렷하지 않으나, 계통적 차이를 보이는 균주)를 갖는 *Pseudomonas stutzeri* 종 내에서 수평 유전자 전이가 나타났다(Sikorski et al. 2005). *P. stutzeri* genomovar 14는 형질전환(transformation)이 높게 일어나는 균주인데, 멀리 떨어진 genomovar 2와 genomovar 3에 특이한 16S rDNA 시퀀스 꼬리표(tag; 대장균 위치의 74-92)를 갖고 있어서, 16S rDNA의 일부가 수평 이동이 일어난 것으로 추정되었다.

2.2. DDH를 대체하는 방법들: ANI, Concatenated sequence

2.2.1. ANI (average nucleotide identity; 평균 뉴클레오티드 동일성)

2011년에 Ion-chip 시퀀싱 기법을 사용하는 Ion Personal Genome Machine으로 독일에서 사회적으로 큰 혼란을 가져온 대장균 균주의 게놈 시퀀스를 배달하는데에 걸린 시간은 단 3일이었다. 초안 게놈 시퀀싱의 빠른 속도와 낮은 비용은 ANI와 digital DDH (dDDH) 같은 *in silico* 비교를 가능하게 하였다. 게놈 시퀀싱은 지속적으로 비용이 감소되고 있기 때문에 게놈 시퀀스에 기초한 기법이 DDH 방법을 완전히 대체할 시기가 머지않아 올 것으로 보인다.

Goris et al. (2007)은 DDH 값과 게놈 시퀀스에서 기인된 변수들(예, ANI, 보존된 DNA의 % [percentage of conserved DNA])간의 정량적 관계를 조사하였다. 게놈 시퀀스가 알려진 총 28개 균주들(6개의 주요 그룹에 속함. 하나의 그룹에 속한 균주들은 가깝게 연관되어 있어서, 16S rDNA 시퀀스 동일성은 94%보다 큼) 사이에서 124개의 DDH 값을 결정한 후 통계 분석을 한 결과, 종의 경계인 70% DDH 차단점(cut-off point)은 95% ANI에, 보존된 DNA의 69%에 해당하였다. 신종은 가장 가까운 종들과 <95% ANI 값을 갖는다[5]. 95-96% ANI는 종의 구분(delineation)을 위한 70% DDH 경계에 잘 일치한다. Goris et al. (2007)은 ANI의 % 값과 보존된 DNA의 %값으로부터 DDH의 %값을 구할 수 있는 선형관계식을 도출하였다:

$$\textbf{DDH (\%)} = \textbf{3.103} \times \textbf{ANI} - \textbf{223.8}\ (\mathbf{r^2 = 0.942})$$

$$\textbf{DDH (\%)} = \textbf{0.785} \times \textbf{(conserved DNA, \%)} + \textbf{16.197}\ (\mathbf{r^2 = 0.949})$$

게놈 시퀀스가 가용한 균주들에 대해서 ANI는 정확하게 DDH 값을 대치할 수 있는 것으로 보였다(Goris et al. 2007). 참고로 ANI와 conserved DNA에 사용된 DNA 조각의 크기는 1020 nt 조각이었는데, 이는 DDH 실험 동안 약 1 kb 크기로 DNA가 조각난다는 것에 상응한다. DDH 실험 동안 혼성화되기 위해서는 DNA 조각들은 적어도 80% 이상의 동일성을 공유해야 한다고 알려져 있으나, 아마도 90% 이상의 동일성을 갖는 조각들이 유전체 규모(genome-scale)의 혼성화에서 더 중요한 것으로 보여진다(Goris et al. 2007).

---

5) 극단적인 예로, 시아노박테리아인 *Prochlorococcus marinus*는 가장 분기한 균주들 간에 65.88%의 ANI 값을 갖는다(Zhaxybayeva et al. 2009). 배양된 *Prochlorococcus marinus*의 타입 균주와 참고 균주의 13개 유전체들 사이에서 AAI는 60.6-96.8%로 상당히 변하였다(Thompson et al. 2013c).

ANI는 학계에서 가장 인정받는 것으로 여러 알고리즘에 의해서 계산될 수 있다. 그 중 하나는 표적(target) 게놈에 대해서 1 kb 게놈 조각들(=비교할 게놈)의 Blast 탐색에 기반한다(Goris et al. 2007). 먼 관계의 게놈들의 비교에는 이러한 알고리즘에 기반한 ANI가 더 적합한 것으로 보이나, 게놈의 적은 부분만(core genome[6])이 비교에 사용되는 문제가 있다. 이러한 경우 AAI를 사용하는 것이 적절하다.

전형적으로 신종은 가장 가까운 종들과 65-95% AAI 값을 가지며, 신속은 연관된 속과 45-65% AAI 값을, 신과는 연관된 과와 <45% AAI 값을 갖는다. 즉, 같은 종은 95-100% AAI 값을, 같은 속은 65-95% AAI 값을, 같은 과는 45-65% AAI 값을 갖는다(Konstantinidis et al. 2017).

2.2.2. 연쇄시킨(concatenated) 시퀀스 또는 계합(繫合)된 시퀀스

계합된 시퀀스를 이용한 사례로는, 전체 게놈들(whole genomes)의 연관도를 예측하는데 있어서 유용한 유전자 시퀀스들을 찾아서 이를 이용한 Zeigler (2003)의 연구가 있다. 그는 전체 게놈 시퀀스의 데이터베이스(database)가 증가하자, 전체 게놈들의 연관성을 예측하는데 있어서 유용한 유전자 시퀀스들을 찾아서, 이들을 이용하여 박테리아 균주들의 종을 결정하려는 시도를 하였다. 먼저, 16개 속에 속하는 44개의 게놈을 자료로 사용하였다. 16개의 각 속에 속하는 게놈 시퀀스들을 쌍(pairwise fashion)으로 배열하여, 두 게놈들 사이에 보존된(conserved) 시퀀스 세트(set)와 각 게놈에 독특한 시퀀스 세트를 식별하였으며, 보존된 지역의 DNA 시퀀스 동일성(sequence identity)이 전체 게놈 시퀀스 동일성과 좋은 양의 선형관계를 나타내는 것을 관찰하였다. 이는 박테리아의 종분화 동안 보존된 DNA 지역에서의 시퀀스 차이와 전체적인 게놈 시퀀스 차이 간의 비가 비교적 일정하게 유지되었다는 것을 의미한다(Zeigler 2003). 이러한 해석이 맞는다면, Stackebrandt et al. (2002)이 제안한 것과 같이, 박테리아 종의 합리적인 정의는 보존적인 유전자의 한 세트에 대한 시퀀스 분석으로도 가능할 것이다. 단, 이러한 목적에 합당한 후보 유전자들은 4개의 기준을 통과해야 한다: 1) 후보 유전자들은 모든 게놈에 분포하고, 2) 유사 유전자(paralogues)들이 없이, 각 게놈에서 유일하게 존재해야 하고, 3) 진화계통상의 유용한 정보를 포함할 수 있도록 충분히 길어야 하나, 몇 개의 프라이머(primer)로 경제적으로 시퀀스를 얻을 수 있도록 짧아야 한다. 끝으로, 후보 유전자 시퀀스들은 수용할 만한 정확도를 가지고 전체 게놈 관계를 예측(predict)할 수

---

6) *E. coli*의 core region은 게놈의 6% 정도라고 한다(SGM Fall meeting 2011). 핵심 유전자들(core genes) 또는 핵심 유전체(core genome)는 하나의 분류군(예, 하나의 속) 내에서 유전체의 수가 증가할수록, 그리고 상위의 분류군으로 갈수록(예, 속에서 과) 감소하는 경향이 나타난다.

있어야 한다. 그 결과 32개의 후보 유전자들을 선정하였는데, tRNA 합성 효소들에 대한 유전자가 많았고, DNA와 RNA 중합 효소의 소단위체(subunit) 유전자가 있었다. 16S rDNA는 전체 게놈 시퀀스 동일성과 상관 관계가 빈약한 것으로 나타났는데, 이는 너무 보존적이어서 밀접하게 연관된 분류군을 신뢰할 만하게 구별할 수 없음을 시사한다. 유전체의 유사성은 *recN* 유전자가 가장 잘 설명(R^2=0.965)하는 것으로 나타났으며, 그리고 *dnaX* 유전자도 우수하였다. 2개 또는 3개의 유전자를 함께 사용할 경우 R^2 값은 각각 0.986과 0.989로 증가하는 것으로 나타났다. 더 많은 게놈 시퀀스들이 분석되면 위의 관계식에 변화가 올 것이다.

그러나 몇 개의 유전자를 사용하여 진화계통 분석을 하면 수평 유전자 전이가 이들 유전자에서 일어난 경우, 주어진 속(genus) 안에서의 진화계통은 흐트러질 수 있다는 점을 항시 유념해야 한다. 그럼에도 이러한 연구는 몇 개의 유전자 시퀀스 분석으로(즉, DDH 분석 없이도) 박테리아 균주들을 종으로 배정(assigned)할 수 있음을 시사한다.

그리고 연쇄시킨 리보조말 단백질(concatenated ribosomal protein, CRP) 시퀀스들(총 59개의 리보조말 단백질 시퀀스; ~8100 bp)을 사용하여 종의 구분을 시도한 경우도 있었으며, CRP 유사도가 96.2%이면 다른 종으로 볼 수 있었다: *Pyrococcus abyssi* 대 *P. horikoshii* (Birrien et al. 2011). 단, 이 경우 비교하려는 종들의 전체 게놈 시퀀스가 있어야 한다.

2.3. 16S rRNA 유전자(16S 리보조말 RNA 유전자; 16S rDNA)

분류학은 이상적으로 유기체 간의 진화적 관계에 기초한다. 현대 원핵생물 분류학은 16S rDNA 시퀀스의 관계에 기반하였다. 16S rDNA는 진화를 추적하는데 현재 가장 널리 사용되는 정보 거대분자(informational macromolecules)이다(Clayton et al. 1995). 16S rDNA 시퀀스의 분석으로, 원핵생물 분류군을 속(genus)과 계(kingdom)의 위계 사이에서 계층적으로(hierarchically) 배열하는 것이 개선되었다. 16S rDNA의 시퀀스 분석은 원핵생물을 검출하고, 동정하며, 분류하는 데 있어 강력한 도구로서, 원핵생물의 계통학(systematics)에 혁명을 가져왔다 하여도 과언이 아니다.

진화계통수를 만들기 위해서 해야 할 첫 우선 순위는 적절한 분자를 선택하는 것이다. 당연히 생물계에 널리 발견되는 분자를 선택하여야 할 것이다. small-subunit (SSU) rRNA, large-subunit rRNA (LSU), elongation factor EF-Tu/α, RNA 중합효소(polymerases), F_1F_0 ATPase β -소단위체, RecA 단백질, Hsp60 열-충격 단백질 등이 원핵생물 분류의 진화계통적 추정에 적합한 유전자로 입증되었다. Woese & Fox (1977)는 rRNA 분자가 모든 생물체들의 총체적 진화계통(global phylogeny)을 작성하는데 있어서 유용하다는 사실을 처음으로 인식하였다. 모든 원핵생물에 존재하는 rRNA는 진화상의 초기 단계에서 정착된 변함없는(constant), 매우 제한된(highly constrained) 기능을 가지며, 상당한 유전 정보를 갖는다. 따라서, 16S rDNA는 기능적으로 안정하고, 상당히 보존적이며, 수평 유전자 전이를 거의 받지 않기 때문에, 16S rDNA는 분류 목적에 있어서 효과적인 분자적 마아커이다. 원핵생물의 경우 3종류의 rRNA (5S, 16S, 23S)가 있으며, 어떤 아키아의 rRNA 오페론(operons)에선 인트론(intron)의 출현이 알려져 있다. 27F와 1492R 프라이머 세트가 박테리아의 16S rRNA 유전자 증폭에 널리 사용된다.

SSU rRNA 유전자 시퀀스는 다른 분자들에 비하여 이점이 있으나, 많은 나선(helix)과 고리(loop)가 있어 SSU rRNA의 정렬(alignment)에 어려움이 있다. 나선은 리보조말(ribosomal) 단백질과 함께 SSU rRNA의 3차 구조를 유지하고, 고리들은 리보좀(ribosome)의 기능과 관련되어 있다. SSU rRNA의 빠르게 진화하는 부분은 '가변 지역들'(variable regions)로 불리운다. 이들 가변 지역들의 변이성(variable) 이차구조 때문에, 진화계통적으로 다양한 계열들(lineages)의 SSU rRNA 유전자 시퀀스들을 정렬하는 것은 쉽지 않으며, 그와 같은 시퀀스들의 정렬은 인위적인 추론을 하게 되어 쉽게 계통수의 왜곡(distortion)을 가져오게 된다.

LSU rRNA 유전자 시퀀스도 SSU rRNA 유전자 시퀀스만큼 좋으나, 길이가 길고 데이터베이스에 자료의 수가 충분하지 않다. 한편 진화계통적 마아커로서 가능성을 가진 많은 단백질들의 유용성은 어떤 유기체들에서 복제된(duplicated) 유전자들의 존재에 의해 축소될 수 있다(Ludwig & Klenk 2001). 이들 복제된 유전자들의 시퀀스 분기의 정도는 도메인 간의 수준에서 종 수준으로 변한다. 보존적인 단백질들을 도메인내의 진화계통을 추론하는 진화계통적 마아커로서 사용하는 경우, 유사(paralogous) 유전자(=복제의 자손들)가 아닌 공통의 기원을 갖는 정동체(orthologous) 유전자를 사용해야 한다.

BOX 5: 이차 구조를 고려한 16S rRNA 유전자의 염기서열 정렬

16S rRNA의 2차 구조를 고려한 다중정렬을 제공하는 독립형(stand-alone) 프로그램으로 EzEditor2 (https://www.ezbiocloud.net/tools/ezeditor2)와 ARB (http://www.arb-home.de/) 프로그램을 들 수 있다. EzEditor2는 Java-기반으로 컴퓨터의 운영체제에 무관하게 사용할 수 있다. 그러나 ARB 프로그램은 리눅스 및 Mac에서만 구동이 가능하며 16S rRNA 유전자 데이터베이스

(https://www.arb-silva.de/)를 이용하여 기본 정렬을 수행한다. 웹 기반으로 해당 서비스를 제공하는 프로그램으로는 RDP (http://rdp.cme.msu.edu)와 SILVA (https://www.arb-silva.de/aligner/)를 들 수 있다. 주의할 점은 어떤 프로그램을 이용하든지 얻어진 다중정렬 결과를 그대로 사용해서는 안 된다는 것이다. 서열들의 정렬 결과를 눈으로 직접 검토하면서 명백한 오류는 수동으로 교정해야 한다.

원핵생물에서 관찰되는 16S rDNA 시퀀스의 변이는 원핵생물의 분류에 기본 정보로 널리 사용된다. 16S rDNA의 시퀀싱과 진화계통 분석은 여러 분류적 수준에서 균주의 분류에 적합한 방법이다.

그러나 16S rDNA는 분류학적 마아커로서 몇 가지 한계를 갖는다. 첫째로, 종에 따라 16S rDNA 염기서열의 보존성이 큰 편차를 나타낸다는 것이다. *Acidithiobacillus* 속은 진화계통적으로 넓어서, *Acidithiobacillus caldus*와 *Acidithiobacillus ferrooxidans* 종 간의 진화계통 거리는 *Pasteurellales* 목과 *Enterobacteriales* 목의 대표종들 사이의 진화계통 거리와 거의 비슷(90%)하였으나(Williams & Kelly 2013), *Brucella* 속에서는 종 간 16S rDNA 시퀀스의 유사도가 1% 이상 차이가 나지 않았다(즉, 높은 정도의 보존성). 이는 종 또는 속의 구분이 반드시 유사도 값만으로 결정되지는 않음을 시사한다. 또한 하나의 게놈에 몇 개의 rRNA 오페론이 존재하는 경우, 뉴클레오티드의 변이가 존재할 수 있다(박테리아에선 rRNA 오페론이 1-15개가 존재; Sneath 1993, Yap et al. 1999, Valdivia-Anistro et al. 2016). 대부분의 경우, 같은 균주에 있는 rRNA 오페론의 각각의 타입은 동일하거나 낮은 수준의 이질성(약 0.1% 또는 뉴클레오티드 위치에서 몇 개의 차이)을 보인다. 혹시, 16S rDNA를 직접 시퀀싱한 결과가 애매하게 나타날 경우 16S rDNA 시퀀스들의 변이가 있을 수 있으므로, 이 경우 16S rDNA의 클론을 많이 시퀀싱하여 분석한다. 한 예로, *Paenibacillus turicensis*의 경우 7개의 다른 16S rDNA 시퀀스가 있는 것으로 추정되었다(Bosshard et al. 2002). 이들 7개의 시퀀스들은 2개의 型(type)으로 세분되고, 15개의 뉴클레오티드 위치에서 변이가 있는 것으로 나타났으며, 한 시퀀스 형의 1138번 위치에 하나의 뉴클레오티드가 삽입되어 있었다. 이와 같은 16S rDNA 시퀀스들의 변이는 전체 16S rRNA 유전자에 0.15-0.77%의 비교적 크지 않은 시퀀스 차이를 야기하였다. 하지만 두 개의 16S rDNA 시퀀스가 있는 아키아인 *Haloarcula marismortui*에선 예외적으로 5%의 차이(즉, 74개 뉴클레오티드 위치에서 차이)가 보고되기도 한다(Mylvaganam & Dennis 1992). 이렇게 16S rDNA 시퀀스들이 높은 이질성을 보이는 경우, 16S rDNA 진화계통 분석은 신중하게 이루어져야 한다.

Clayton et al. (1995)은 GenBank에 기탁된 원핵생물의 SSU rRNA 시퀀스들에서 예상치 못한 높은 수준의 종내변이(intraspecific variation)가 균주 내에서 그리고 같은 종의 균주들(conspecific strains)에서 나타난다고 보고하였다. 복수의 SSU rRNA 시퀀스를 갖고 있는 발표된 원핵생물 종의 48%는 무작위적 시퀀싱 오류에 의해 예측되는 것보다 더 많은 변이성의 자리(variable positions)를 가져서, 시퀀스 변이에 대한 다른 원인이 있음을 시사하였다: 한 균주안에서 오페론 간의 변이, 한 종안에서 균주와 균주 간의 변이, 부적절한 분류군의 경계(delimitation), 시퀀싱 오류(error), 또는 다른 실험실 간 오류. 이러한 결과는 '하나의 균주에서 얻어진 하나의 오페론(operon)에서 나온 SSU rRNA 시퀀스가 그 균주의 분류군을 대표한다'는 가정하에서 얻어진 진화계통 연구와 다양성 추정에 조심스러운 접근을 요구한다. 종내(種內) 시퀀스 변이의 수준이 종간 변이의 수준에 근접할 경우, 기준으로 선택된 시퀀스에 의하여 진화계통 분석을 곡해할 수 있다. 한 예로, *Cytophaga marinoflava* 시퀀스들 중 어느 하나를 기준으로 삼느냐에 따라, *C. marinoflava*는 *C. lytica*의 자매 분류군(sister taxon)이 되거나, 또는 *C. lytica*와 *C. latercula*의 자매 분류군이 된다. 따라서 진화계통 분석에서 나오는 분기 유형(branching pattern)에 영향을 주게 된다.

따라서 의미있는 진화계통 가설을 얻기 위하여는 많은 균주(적어도 5개 균주 이상)와 많은 오페론에서 SSU rRNA 시퀀스를 얻는 것이 높이 추천되었다(Clayton et al. 1995). 2001년에 Christensen et al.은 1990-2000년 사이에 발표된 분류군들 중에서, 단 하나의 균주에 대한 특징 규명(characterization)에 근거한 새로운 분류군은 약 40%임을 보고하면서, 박테리아 코드(Bacteriological Code, 1990 Revision)에는 새로운 분류군을 정의할 시에 요구되는 균주의 개수에 대한 추천은 없지만, 이 문제를 토의하면서 이러한 방식이 재평가되어야 한다고 제안하였다: 신종의 기술은 지리와 생태와 관련하여 다른 원(源 source)들을 대표하는 가능한 많은 균주(적어도 5개 균주 이상)에 근거하여야 한다. 이는 타입 균주가 선택될 중심을 설정하고 명명될 클러스터(cluster)의 범위를 설정하기 위해서이다. 즉, 신종의 타입 균주 선정은 신종 서식지의 가장 대표적인 개체군으로부터 선정되어야 한다. 그렇지 않으면, 신종의 재분류를 가져올 수도 있기 때문이다. Christensen et al. (2001)은 1990-2000년 사이에 단 하나의 균주에 대한 특징 규명에 의거하여 발표된 신종 중 1.5% 가량은 나중에 재분류되었음을 상기시키면서, 견고한 분류학을 위해서 그리고 신뢰성 있는 진단을 하기 위해서는 가능한 많은 균주(적어도 5개 균주 이상)에 근거한 신종의 기술이 필요함을 강조하였다.

그 후 Coenye & Vandamme (2003)은 55개의 박테리아 게놈들(α-, β-, γ-, ε-*프로티오박테리아*, *Firmicutes*, *Spirochaetacea*, *Actinobacteria*, *Cytophaga-Flavobacterium-Bacteroides*,

Cyanobacteria, 다른 박테리아 분류군들을 포함)에 대하여 게놈 내에서 16S rRNA 오페론의 총 수와 16S rRNA 오페론 간의 이질성(heterogeneity)에 대하여 조사한 결과, 게놈 내에서 16S rRNA 오페론의 총 수는 2 - 13개이었고, 16S rRNA 오페론들 사이의 최대 뉴클레오티드 차이의 개수는 0 - 19개로 최소 유사도(minimal similarity)는 100-98.74%에 해당하였다고 보고하였다. 따라서 분류군들의 분류에는 큰 영향을 주지 않을 것으로 나타났다. 대부분의 이질성은 가변 지역(variable region)인 V1 및 V2 (16S rRNA 유전자의 처음 300 nt), V6 (16S rRNA 유전자의 1001-1100 nt)에서 나타났고, 천이(transitions, 즉, A↔G, C↔T)가 우점적으로 나타났다. V1, V2 및 V6 지역은 분류군내 높은 다양성을 갖는 곳이고, 조립된 리보소옴(ribosome)의 중앙부로부터 멀리 위치한 곳이며, 3차 구조 상호작용에 포함되지 않거나 오직 적게 포함되는 지역인 것으로 보였다(Coenye & Vandamme 2003).

대개의 경우, 16S rRNA 유전자만으로도 박테리아 균주에 대한 진화계통 분석이 행해지지만, 가끔 16S rRNA 유전자가 만능의 표준적 척도가 되지 않는 경우도 있다. Badger et al. (2005)는 *Hyphomonas neptunium*이 16S rRNA 유전자 시퀀스로 계통 분류를 하면 '*Rhodobacterales*' 목의 유병(prosthecate) *α-프로티오박테리아*이지만, 23S rRNA 유전자 시퀀스로, 연쇄시킨 리보조말 단백질(concatenated ribosomal proteins)들로, HSP70과 EF-Tu로 진화계통 분류를 하면 모든 경우 *H. neptunium*이 *α-프로티오박테리아*인 *Caulobacterales* 목의 일원으로 분류됨을 보고하였다. 최근 Stackebrandt et al. (2002)는 여러 유전자들을 이용하여 계통적 분석을 고려할 것을 추천하고 있는 것과, 형질적 특성들도 위의 분류적 결론과 합치한다는 것은 이러한 분류적 결론이 타당함을 시사한다.

BOX 6: 16S-23S rRNA ITS 시퀀스

박테리아의 종과 아종의 판별에 사용될 수 있는 16S-23S ITS 시퀀스(즉, 16S와 23S rRNA 유전자 사이에서 전사되는 시퀀스)는 PCR (polymerase chain reaction, 중합 연쇄 반응)로 증폭하며, 주로 종 수준에서의 형별(型別 typing)을 할 수 있다. 몇 종의 박테리아에 대해서는 ITS-PCR로 아종 수준에서 구별을 할 수 있다. 16S-23S ITS 시퀀스는 시퀀스 다형현상(polymorphisms)과 길이의 변이로 인하여 박테리아 종과 아종의 판별에 사용된다. 이는 ITS 시퀀스에 전형적으로 많은 변이성 자리(variable sites)가 있어서 16S rRNA에 근거한 진화계통의 해상력의 제한을 극복할 수 있기 때문이다. 또한 반복 시퀀스(repetitive sequence)에 기반한 PCR (rep-PCR)은 아종 수준에서의 형별을 할 수 있게 하여 준다.

rep-PCR은 다른 원료(raw materials)에서 얻어진 같은 박테리아 종들에서 의미있는 유전형적 차이들이 있음을 보여준다(Ouoba et al. 2010).

16S-23S rRNA ITS 시퀀스를 사용하여 속 내에서 종들의 진화계통 관계를 정리한 예를 하나 들면, *Porphyromonas* 속 내 종간의 관계 분석을 들 수 있다(Conrads et al. 2005). 가장 가까운 두 종인 *Porphyromonas gingivalis*와 *Porphyromonas gulae*는 84-85%의 시퀀스 유사도를 보였으며, *Porphyromonas* 속의 종들간에 시퀀스 유사도의 범위는 44-85%로 나타났다. 이는 16S rDNA 시퀀스의 경우 83-97%의 유사도 범위를 갖는 것과 크게 차이가 나며, ITS 자료에 의해 *Porphyromonas gingivalis*와 *Porphyromonas gulae*의 두 종으로의 분리가 확인되었다. 참고로 *Porphyromonas* 속의 타입 균주들은 710-970 bp의 ITS 시퀀스 길이를 나타내었다. 그리고 tRNA 유전자들(=Ala와 Ile 타입)이 모든 ITS 시퀀스에서 발견되었다. 그러나 외부 그룹(outgroup)으로 사용된 *Prevotella melaninogenica*에선 tRNA 유전자가 발견되지 않았다. 이와 같이, 두 종간의 16S rDNA 시퀀스의 차이가 작으나 DNA-DNA 혼성화 결과 두 종으로 구분될 때, ITS 자료는 높은 계통분석적 해상력을 제공할 수 있다(Conrads et al. 2005).

제3장 다상 분류학(Polyphasic taxonomy): 그 한계와 분류학의 미래 전망

조병철 | 최동한 | 황청연

분류학적 목적, 즉, 종을 정의하기 위한 종의 한정(circumscription)은 종의 유일성(uniqueness)을 보증하는 다양한 매개변수 세트에 기반하여야 한다는 일반적 합의를 다상 분류학적 접근(polyphasic approach)이라 한다. **다상 분류학**(polyphasic taxonomy)은 표현형과 유전자형(genotypic) 특징에 대한 자료를 포함한 모든 가용한 방법들의 일치에 기반한 분류를 일컫는다(Vandamme et al. 1996). 이 방식이 의미하는 바는 가능한 한 유전체와 표현형 정보가 광범위하게 조사되어야 한다는 것으로, 최근까지 신종 보고시에 널리 채택되고 있는 방식이다. Murray et al. (1990)은 진화계통상 자료에만 기반하여 분류군을 정의하는 것은 완전히 비현실적이어서, 분류군들은 표현형 특성을 사용하여 특징이 파악되어야 한다고 하였다. 다상 분류학적 접근 방식에서는 신종의 진화계통상 위치를 결정하기 위하여, 대부분 16S rDNA 시퀀스를 이용한 진화적 관계의 추정이 포함된다. 그리고 그러한 결정에 화학분류학적(chemotaxonomic) 특성, 생리적 특성 및 배양 특성(cultural properties)과 유전자형 특징들(genotypic characteristic)이 통합된다. Stackebrandt et al. (2002)는 이러한 관점을 확증하였다: 구분할 수 있는(discriminating) 마아커들에 더욱 중점을 두어야 하며, 기술(記述)적 및 진단적인 특징들을 충분히 상세하게 기술하여 분류군간에 비교를 할 수 있어야 한다. 그리고 종의 명확한 동정에 있어서 두드러진 특성으로 나타나는 표현형적 특성들에 대한 종의 기술이 이뤄져야 한다. Tindall et al. (2010)이 다상 분류학의 실제적 가이드에서 언급한 것처럼, 새로운 분류군은 가능한 포괄적(comprehensively)으로 특성을 규명해야 한다.

유전체 정보는 핵산으로부터 얻을 수 있는 모든 자료들로서 16S rDNA 시퀀스 유사도와 진화계통(phylogeny), G+C %, 유전체의 크기, DNA-DNA 유사도 같은 변수들과 직접적으로는 시퀀싱을 통해 얻는 자료들을(예, PCR, DNA fingerprinting) 포함한다(Vandamme et al. 1996). 표현형 정보는 단백질과 그 기능(예, 효소 활동도), 화학분류학적 마아커들(예, 지방산 조성, 키논 조성, 극성 지질[polar lipid] 조성 등), 그리고 광범위한 다른 표현된 특징들로부터 얻어진다. DDH와 대량의 표현형 측정(phenotyping)은 현대 원핵생물 분류학의 토대가 된다는 주장 때문에, 현재 주요 전문 저널들에서 종의 기술에서 다상 분류학이 사용되고 있다.

즉, 종의 정확한 분류를 위해서는 3개의 주요 전제들이 완수되어야 한다. 1) 단원(monophyly), 2) 유전체적 일관성(genomic coherence), 3) 표현형적 일관성이다(Rosselló-Móra & Amann 2015).

1) 단원 또는 단계(單元/單系 monophyly)

종의 개념에 의해 포괄된 생물체들은 공통된 진화사(evolutionary history)를 갖는다는 것을 보증하는 절대적인 전제가 단원이다(Rosselló-Móra & Amann 2015). 신종의 구성원들(members)이 모두 단원직 계열(monophyletic lineage)에 속함을 증명하는 것은 16S rRNA 유전자(또는 살림살이 유전자)의 진화계통적 추론(inference)에 의해 수행된다.

분류학적 목적으로 16S rRNA에 기반한 계보(genealogy)의 재건(reconstruction)에는 16S rRNA 유전자의 이차 구조를 고려하여 정렬된 거의 온전한 16S rRNA 유전자 시퀀스들을 이용한다. 'Living Tree Project'라고 불리는 데이터베이스는 공인 발표된 종들(10,950 종 이상)의 시퀀스들을 갖고 있다. EzTaxon은 원핵생물의 동정을 목적으로 타입 균주들의 16S rRNA 유전자 데이터베이스를 제공한다(Chun et al. 2007). 두 데이터베이스는 많이 사용되는 도구(tool)들이다. 계보의 재건에는 모든 연관된 타입 균주들이 포함되어야 하고, 그들의 진화계통은 알고리즘들(통상적으로 최대절약[maximum parsimony, MP], 근린결합[neighbor-joining, NJ]과 최대가능도[maximum likelihood, ML] 방법)에 의해 재건된다.

또한 몇 개의 살림살이 유전자들의 진화계통적 재건에 근거한 MLSA가 사용될 수도 있다. 분류학적 목적으로는 진화계통적 잡음(noise) 문제를 극복하기 위하여 적어도 4-5개의 유전자들을 사용하는 것이 추천된다. 먼 관계(distantly related)에 있는 생물체들의 경우에는, 적어도 12개 이상의 유전자들이 사용될 때에 계통수의 위상(位相 topology)이 안정화 되는 것으로 알려졌다. MLSA 방법은 선택된 유전자들의 수가 충분히 크면 16S rRNA에 기반한 진화계통보다 더 좋은 해상력을 가질 수 있다. 그러나 적절한 프라이머 세트들을 고안해야 하는 어려움(연구 대상인 모든 균주들로부터 PCR이 안 될 수도 있는 문제점) 외에도, 임의적 유전자 선택으로부터 발생하는 문제와 MLSA 방법을 수행하기가 불편하다는 단점이 있다(Glaeser & Kämpfer 2015). 그러나 게놈 시퀀싱 자료로부터 얻은 살림살이 유전자 시퀀스들을 이용한 MLSA는 앞으로도 종을 구별하는 유용한 방법일 것으로 보인다.

2) 유전체적 일관성

특별(*ad hoc*) 위원회는 게놈 시퀀싱이 일상적으로 이뤄지기 훨씬 전에 다음과 같이 언급하였다: 완전한 DNA 시퀀스는 진화계통을 결정하기 위한 참조(reference) 표준이고, 그 진화계통은 분류학을 결정할 것이다(Wayne et al. 1987). 2장에서 언급된 바와 같이, DDH는 유전체적 일관성과 관련하여 현재의 종의 정의를 형성함에 중요하였다. 그러나 DDH는 번거롭고 오류가 발생하기 쉬운 것으로 간주되어 왔다. 그래서 유전체적 일관성과 관련하여, DDH를 대체하기 위해 MLSA 방법이 도입되었다. 여러 다른 분류군에서 평가된 결과, MLSA는 DDH를 대체할 공통된 기준을 설정하지 못했다. 분류군에 따라 사용된 유전자 세트가 달랐으며, 적합한 분기 수준 또한 달랐기 때문이다(Rosselló-Móra & Amann 2015): 예를 들면, *Achromobacter* 종들의 경우에는 7개 유전자(*gltB*, *lepA*, *nusA*, *eno*, *rpoB*, *nuolL* 및 *nrdA*)의 연쇄에 기반한 2.1% 분기, *Burkholderia* 종들의 경우에는 7개 유전자(*gltB*, *lepA*, *atpD*, *gyrB*, *recA*, *phaC* 및 *trpB*)의 연쇄에 기반한 3% 분기(Rosselló-Móra & Amann 2015), *Prochlorococcus* 종들의 경우에는 5개 유전자(*gyrB*, *pyrH*, *recA*, *rpoB* 및 16S rRNA)의 연쇄에 기반한 5% 분기(Thompson et al. 2013c).

DDH를 대체하기 위한 도구로써 유전체의 비교 분석 방법(예, ANI, dDDH)이 도입되고 있다. 그리고 종 수준에서 유전체들을 식별하는 것으로 알려진 보완적인 매개변수는 'tetranucleotide signature regression' (TETRA; Richter & Rosselló-Móra 2009)이 있다. TETRA는 DNA 시퀀스에서 tetranucleotide 빈도의 분석과 비교를 수행하는 프로그램이다(Teeling et al. 2004). TETRA는 정렬을 하지 않는 매개변수로서 각 유전체에 유일하고, 계산 속도가 빠르다. 상관계수 값(r)이 0.999 이상을 갖는 매우 유사한 유전체들만이 94% 이상의 ANI 값을 갖는 것으로 나타났다. 매우 많은 유전체들을 다룰 경우, TETRA를 수행하여 *in silico* DDH를 수행할 유전체들을 선별하기도 한다(Rosselló-Móra & Amann 2015).

유전체적 일관성(genome coherence) 분석을 위해서 신종의 타입 균주와 신종 기술에 사용된 추가적인 균주들 모두 또는 일부의 유전체를 양질(良質)로 시퀀싱하고, 유전체들을 하나 또는 여러 매개변수들에 의해 비교하여, 종을 판별한다. 그러한 결정은 표현형 결과에 의해 확인되어야 한다. 균주들을 둘 또는 그 이상의 종으로 나누는 근거로 쓰이는 진단적 표현형 형질은 불안정하거나 애매하지 않고 가능한 견고해야 한다. 요약하면, 공유된 유전자들의 량(量)과 유사성이(예, ANI) 어느 정도가 되어야 명백한 표현형(동정 목적의 진단 도구 역할을 함)의 관찰 결과와 일치하는가에 대한 이해를 통해 유전체적 일관성은 (종) 단위의 한정을 조절한다(Rosselló-Móra & Amann 2015).

현재 일부 저널들(예, *Systematic and Applied Microbiology*)은 이미 신종 기술 시에 적어도 타입 균주의 거의 완전한 게놈 시퀀스를 제출할 것을 강력하게 추천하고 있다. 최근 IJSEM 저널은 원핵생물의 분류학에 사용할 수 있는 게놈 서열의 요건에 대한 최소 표준안을 제안하였다. 이에 대한 구체적인 내용은 3.3. 유전체 원핵생물 분류학을 참고하기 바란다.

3) 표현형적 일관성

표현형적 일관성은 동일한 분류군에 속하는 생물체들이 생리적, 구조적 및 생태적 속성들까지도 공유하는 것을 증명해야 한다. 이로써 하나의 분류학적 단위로 간주하는 것이 정당화된다. 표현형은 게놈 시퀀스의 추론으로부터 예측될 수 있거나, 가능한 많은 특성들(수평 유전자 전이에 의해 얻어진 특이한 변화 가능성을 최소화 한)을 측정함으로써 얻어질 수 있다(Rosselló-Móra & Amann 2015).

표현형은 관찰할 수 있는 형질들로서 생물체 유전자들의 발현의 결과이고, 대개 환경 조건들에 의해 조절될 수 있다. 따라서 표현형은 유전자들의 발현일 뿐 아니라 발현된 조건들을 반영한다. 대사적 특징들(characters)은 실험 테스트들에 의해 조사되고, 상업적 키트들도 사용된다. 표현형적 특성들은 또한 세포벽, 세포막과 세포질의 조성과 구조를 포함한다. 이들 화학분류학적 마아커들은 흔히 안정적이며 예측 가능하다. 발현되는 특성들의 다수가 배지의 조성, 빛, 온도 같은 환경 조건에 달려 있어서, 많은 방법들이 재현성의 문제를 갖는다. 따라서 엄격한 표준 조건하에서 표현형 자료를 얻어야 할 필요가 있다. 그리고 어떤 방법들은 사용하기에 불편하여 많은 실험실에서 일상적으로 사용되지 못한다. 사용되는 방법들은 다른 실험실에서도 재현 가능해야 하고 표준화되어야 한다. 표현형의 궁극적인 목표는 표준적인 프로토콜들과 기기들에 의해(예, MALDI-TOF 질량 분석[7]과 같은 방법) 다량으로 즉각적으로 자료를 얻는 것(Rosselló-Móra & Amann 2015)이라고 하겠다.

다상 분류학은 종을 구분 짓는데(species delineation) 있어서 다음과 같은 규칙을 사용한다. DDH 기준 값은 70%, 16S rDNA 시퀀스 유사도 기준은 97% (최근 98.7%가 제안됨; Stackebrandt & Ebers 2006), G+C 함량의 범위는 최대 2%, 구분되는 화학분류학적 및 표현형 특징들로 큰 가중치는 특수 기법을 사용한 표현형(화학분류학적)의 특징 규명에 둔다. 그

7) 지금까지 널리 사용되고 있지 않으나, MALDI-TOF mass spectrometry (MS) (http://www.anagnostec.eu)를 사용하는 빠르고 저렴한 종-수준 동정과 고-해상의 균주 형별(typing)을 위해 RAMAN spectroscopy (http://www.riverd.com)를 이용하는 새로운 기법들이 가용하다(Moore et al. 2010).

러한 특수 기법으로는 지방산 메틸 에스터(fatty acid methyl ester, FAME), 폴리아민(polyamines), 펩티도글리칸 형(peptidoglycan type), 스핑고지질(sphingolipids), 그리고 MALDI-TOF MS (matrix-assisted laser desorption/ionization time-of-flight mass spectrometer)이다. 그러나 대부분의 경우 이들 특수 기법으로 규명된 표현형은 각 주요 계열 내의 모든 종을 구분하는 데에 매우 유용하지는 않고, 미생물에 대한 생물학적 정보에 대해 알려주는 것이 별로 없다. 이러한 규칙들은 오히려 신종 기술(記述)과 과학의 한 분야로서 원핵생물 분류학의 발전을 가로막고 있는 것으로 생각된다(Thompson et al. 2015). 즉, MLSA, AAI, GGD (genome-to-genome distance 유전체 간 거리) 계산 방법과 같이 종을 구분하는 데에 있어서 편리하고 더 큰 구분력을 갖는 것으로 입증된 여러 기법들이 있음에도 불구하고, 여전히 DDH는 종을 구분하는 데에 있어서 황금 표준으로 간주된다. DDH는 가능한 게놈 전체 시퀀스(whole-genome sequence WGS)의 정보에 가깝게 접근하고자 도입되었으나, 지금은 WGS 정보를 직접 얻을 수 있기 때문에, 이로부터 DDH 실험을 통해 얻은 결과를 모방할 수 있기를 기대할 수 있다. 그러므로 DDH를 하나의 기준으로 유지하는 현재의 상황은 모순임을 나타낸다. 최근 종을 기술한 논문들은 DDH 자료와 함께 AAI/ANI에 기반한 유전적 연관도의 측정값을 포함하기 시작하고 있다. 앞으로 이들 방법은 종 기술의 최소 표준안(minimal standards)에 포함되어야 한다.

신종이 기술될 때마다 가깝게 연관된 종들의 타입 균주에 대하여 광범위한 표현형 특성의 측정이 요구되고, 심지어 동일한 연구실에서 동일한 시약과 분석장비를 사용하여 동일한 타입 균주에 대해 자료를 얻은 적이 있어도 그러하여서, 신종의 기술(記述)을 상당히 늦추게 한다. 그리고 다상 분류학에서 사용되는 몇몇 기준들은 경험적으로 채택되었고, 일부 방법(예, DDH)들은 시간과 경비가 많이 소비되고 모든 실험실에서 접근 가능하지 않으며, 실험실 간에 그리고 실험실 내에서 재현 가능성이 적기 때문에, 다상 분류학의 타당성은 논쟁이 되고 있다. 위와 같이 분류학이 보수적인 면이 있다는 것은 새로운 것이 아니다. DDH를 신뢰할 만한 표준으로 채택하는데 20여 년이 걸렸다. 그러나 신종 균주를 공공의 미생물균주 보존기관에 기탁하고 시퀀스를 공공의 데이터베이스에 기탁하는 규칙은 분류학 체계와 무관하게 유지되어야 한다(Thompson et al. 2015).

3.1. 다상 분류학이 당면한 문제들

다상 분류학의 적용으로 원핵생물 분류학에서 상당한 진보와 안정이 가능하였다. 매년 다상 분류학을 사용하여 600여 종의 원핵생물 신종이 기술되고 있다(Konstantinidis & Stackebrandt 2013). 그러나 생물권에서 유전체 시퀀스의 폭발적 증가를 따라갈 수는 없다. 2018년 8월에 154,000개 이상의 원핵생물 유전체가 NCBI 데이터베이스에서 검색이 되었다. 시퀀싱 비용이 계속 저렴해지고 있고, 가용한 게놈의 수가 계속 증가하는 상황이지만, 전체 유전 정보(즉, 게놈 시퀀스)를 분류학적인 목적으로 충분히 활용하지 못하고 있는 현실로(Ramasamy et al. 2014), 실제로 게놈 시퀀스를 이용하여 신종을 기술한 경우는 많지 않았다(Moreira et al. 2014a, b). 3세대 시퀀싱(Third-generation sequencing)으로 박테리아 유전체 시퀀싱을 몇 시간 안에, 그리고 몇 달러의 가격에 하게 될 것이다. 하루에 테라바이트(terabytes) 상당의 DNA 시퀀스가 생산되는 상황에 이르렀고, 원핵생물 분류학과 원핵생물 군집 다양성 뷴야간의 간격은 점점 커질 것이다. 다상 분류학은 환경 미생물학과 진화 미생물학을 따라가지 못했고, 임상 미생물학자와 전염병학자의 필요를 따라가지 못하고 있다. 최근 신종 발표 수의 증가 추세(**그림** 1)에도 불구하고, 원핵생물 계통학은 주류(mainstream) 미생물학으로부터 고립되어 있고, 혁신(innovation)에 대해 저항적이라고 생각된다(Sutcliffe 2015). 지금의 다상 분류학의 적용 방식으로는 생물권에 있는 신종들의 극히 일부분을 기술하는 데에도 몇 백 년이 걸릴 것이다. 그러므로 오늘날 정통적인 다상 분류학으로는 한계가 있다.

신종 연구는 표현형과 화학형(chemotype) 테스트들의 체크 리스트들을 수행하는 판에 박힌 분야가 되었고, 대부분 단조로운 논문들로 끝난다. 다음 세대 과학자들의 관심을 끌기 위해서는 3 개의 문제점을 타파해야 한다고 Sutcliffe (2015)는 제안하였다: 첫째, 많은 표현형 테스트들은 재현성이 빈약한 자료와 허용할 수 없는 오류의 여지를 생성한다는 점이다. 예를 들면, 전통적인 실험을 통한 G+C 함량의 측정은 게놈 시퀀스 자료로부터 계산된 값과 비교 시 신뢰하기 어려운 것으로 보고되었다. 그렇지만 *Pontimonas salivibrio*의 경우처럼 실험적으로 측정된 G+C 함량 값(60.0%, Jang et al. 2013)과 게놈 시퀀싱에 의해 측정된 값(58.3%; Cho et al. 2018)이 유사한 경우도 있었다. 신종으로 보고하려는 종과 더불어 알려진 타입 종을 다시 테스트하도록 권유하는 것은 자료의 재현성에 대한 신뢰의 결여를 나타내는 것으로 볼 수 있다. 그러나 일종의 'positive control'로써 알려진 타입 종을 함께 테스트한다는 긍정적인 면으로 생각할 수 있다. 둘째, 많은 재래식(conventional) 테스트들은 비정보적이기도 하다. 특히, 하나의 균주가 특징 규명에 사용될 때(>70% 이상의 종 기술에서 그러함) 그러하다. 그 좋은 예는 당 발효인데, 그 특징들은 분류군 내에서 종종 변이가 있다. 한편 화학형들(예, 극성 지질)은 저 해상도의 분석 방법들에 의해 조사되고 있다. 끝으로, 상업적 키트의 사용으로 측정된 사소한 특징들의 리스트들은 지루하여 다른 분야의 연구자들에게 신종 논문의 매력을 크게 감소시킨다. 이러한 문제점에 대한 해답은 독특한 분류군을 견고하게 구별하는 충분한 자료로써 게놈 시퀀스 자료를 사용하는 것이다(Sutcliffe 2015). 신뢰할 만한 기준(threshold) 값들이 여러 분류적 수준에 대해서 정의될 수 있다. 여러 개의 게놈 시퀀스가 가용하면, 핵심(core) 게놈 대 악세서리 게놈을 구분하여 분류군의 안정한 특징들과 불안정한 특징들에 대한 신뢰성 있는 자료를 제공할 것으로 본다. 생물정보학적 경로 분석으로부터 *in silico* 화학분류(chemo-taxonomy)를 끌어내고 대사 능력을 예측하는 것이 이미 가능하다. 다상 분류학이 미래를 가지려면, 게놈 자료와 단백질, 지질, 또는 대사산물(metabolites)의 질량 분석 같은 자료들과의 통합(integration)을 통해서일 것이다. 지금 이 분야는 변화의 시기에 있다고 하겠다.

다상 분류학의 또 다른 문제는 배양되지 않은(uncultivated) 원핵생물을 다룰 수 없다는 것이다(Thompson et al. 2015). 해양에 널리 분포하는 SAR 11 (*Pelagibacter*) 단계통에서 많은 계통형(phylotype)들의 존재가 인지되지만, 배양에 의한 계통형들의 특징 규명은 신통치 않다. 단세포 시퀀싱(single-cell sequencing)에 의해서도 새로운 다양성이 기술되는데, 다상 분류학은 새로운 다양성을 기술하는 데에는 별 도움이 되지 않는다. 이러한 점들은 원핵생물 코드(Prokaryotic Code)에 게놈 전체 시퀀스에 기반하여 배양되지 않은 원핵생물의 기술도 포함시켜야 할 필요성을 시사한다. 또한 유전체학(genomics)을 신뢰할 만하며 재현할 수 있는 기준으로 원핵생물 분류학에 취합할 때가 도래하였다. 단순히 유전체 시퀀스 자료를 다상 분류학에 통합시키는 것으로는 충분하지 않으며, 가용한 유전체 과학 기술들과 충분한 메타 자료로 필요한 기준과 규칙을 만들 수 있을 것이다.

그리고 원핵생물 종의 정의와 관련하여 점차 커지는 문제가 있다. 십 수만의 유전체 시퀀스가 가용해지면서, 종 내의 다양성은 '흐릿한 종(fuzzy species)'의 제안을 가져왔다(Fraser et al. 2007, Hanage et al. 2005). *Neisseria* 종들에 대해서 7개의 살림살이 유전자의 연쇄된 시퀀스의 진화계통을 분석한 결과, 클러스터들의 경계는 중간적인 유전형(intermediate genotypes)을 갖는 적은 수의 균주들의 존재에 의해 모호하게 되었다(Hanage et al. 2005). 광범위한 유전자 이동(재조합)은 시퀀스 클러스터들의 경계를 모호하게 만들 수 있기 때문이다. *박테리아*와 *아키아*의 다양한 분류군들의 종 다양화(diversification)와 진화에 상동성 재조합은 상당한 영향을 준다. 이러한 문제점들은 오늘날 다상 분류학의 원리와 실제 그리고 원핵생물 분류학을 다시 생각해보게 한다.

3.2. 원핵생물 종의 정의에 대한 재검토

다상 분류학이 실패한 보다 근본적 문제는 종을 매우 폭넓게 정의하여 사용함에 있다. 그리고 다상 분류학은 종을 정의함에 있어서 진화적 종 개념에 기반하고 있지 않다(Stackebrandt et al. 2002). 생물학적으로 일관된 종의 개념을 정의하려면, 생태학적, 진화계통적, 진화적 면에 대한 고려가 필요하다. 생물학적으로 일관된 원핵생물 종의 새로운 개념을 발달 시키려면 시간이 걸릴 것이며, 현재로선 원핵생물의 종 개념에 대하여 일치된 견해는 없다.

그러나 원핵생물 분류학은 원핵생물의 다양성을(현재 사용되는 다상 분류학의 인위적인 단위인 종 개념보다) 더 자연적인 단위로 정열시키기 위한 진화적 체제를 적용할 수 있을 것이다. WGS는 이러한 진화적 제제를 세공할 것으로 보인다. 즉, WGS는 비교하려는 유전체들에 분포하는 단백질-코딩 유전자들의 변이에 기반하여 높은 해상력으로 시퀀스 클러스터들(=게놈들의 군[群])의 구별을 가능하게 한다. 이러한 시퀀스 클러스터들은 어떤 다른 종들보다 서로에게 더 가까운 개체들의 군이 종이라는 생각과 일치된다(Fraser et al. 2009). 시퀀스 클러스터들의 발견은 종 딜레마(species dilemma)에서 벗어나, 유전형 및 표현형에서 유사한 시퀀스 클러스터의 존재를 강조하는 실용적인 종의 개념으로서 실용적인 답을 제시한다. 이들 시퀀스 클러스터들은 복수의 유전적 자료에 의해 정의될 수 있으며, 진화와 생태에 대한 질문에 답하는 단위들이 될 수 있다.

시퀀스(=진화계통적) 클러스터들이 원핵생물의 계통 정립에 있어서, 보다 자연적 단위라는 주장의 근거는 다음과 같다(Thompson et al. 2015). 미생물 군집은 가깝게 관련된 미생물들의 유전자형(genotypic) 클러스터들로 구성되어 있다. 각 클러스터들은 같은 환경에 공존하는 다른 클러스터들로부터 명백히 구분되는 밀접한(cohesive) 환경적 연관성과 동태(dynamics)를 보인다. 분기(divergence)의 매우 초기 단계에 있는 클러스터들의 모델링과 전체 게놈 분석은 HGT의 잠재성에도 불구하고 선택(selection)이 동소성[8](同所性 sympatry) 하에서 클러스터의 형성에 요구된다는 것이다. 분기의 초기 단계에 있는 클러스터들의 개체군 게놈의 분석 결과, HGT가 일어나지만 유전자 이동(gene flow)의 불연속성이 클러스터들 사이에 존재함이 알려졌다(Shapiro et al. 2012). 클러스터 형성이 이소성[9](異所性 allopatry) 하에서 일어나도, 클러

---

8) 동소성 종분화(sympatric speciation)는 새로운 종이 같은 지역에 서식하는 동안 하나의 조상 종으로부터 진화하는 과정이다.

9) 이소성 종분화(allopatric speciation) 또는 지리적 종분화(geographic speciation)는 같은 종의 개체군들이 유전적 상호교환을 막을 정도로 서로 분리되었을 때 일어나는 종분화이다.

스터들은 자유롭게 생태적으로 분기할 수 있다. 왜냐하면 특정 대립인자들 또는 유전자들이 개체군(즉, 서식지)에 특이적으로 퍼질 수 있기 때문이다(Thompson et al. 2015).

시퀀스 클러스터는 원핵생물 종에 대한 보다 자연적인 정의를 가능하게 하며, 종종 관찰되는 '매우 가깝게 관련된 유전체(균주)들도 적어도 어느 수준의 표현형 변이를 가져오는 유전자 정보(gene content)의 높은 변이를 갖는다는' 문제에 대한 답을 제시할 것으로 보인다 (Thompson et al. 2015).

3.3. 유전체 원핵생물 분류학(Genomic prokaryotic taxonomy)

최근 신종 보고시에 게놈 분석의 활용이 증가하고 있다. DDH 대신에 게놈 시퀀스 자료를 이용하여 ANI를 계산함으로 종을 구분하는 기법(2, 4장 참조)이 등장하였고, 균주의 특성상 여러 표현형들이 실험에 의해 측정되기 어려운 경우 게놈 분석을 통하여 판단할 수 있게 되었다. 신속 신종인 *Rhodoluna lacicola* (Hahn et al. 2014)는 이러한 사례의 하나이다. *R. lacicola* (Hahn et al. 2014)는 기존의 '*Candidatus* Rhodoluna lacicola' 균주 MWH-Ta8가 배양되어 보고된 사례이다. 균주 MWH-Ta8^T (*R. lacicola*)의 크기가 작아서 그램 염색 반응을 테스트할 수 없었고, 위상차 현미경(phase-contrast microscope)에 의한 운동성(motility)의 관찰도 신뢰할 결과를 얻기 어려웠다. 이렇게 되면, *Micrococcineae* 아목(suborder) 내의 새로운 분류군을 기술하는데 있어 필요한 최소 표준안(Schumann et al. 2009)을 맞출 수 없게 된다. 이런 경우, 게놈 분석을 통해 실험에 의해 측정하기 어려웠던 특성들을 보완할 수 있게 된다. 신속 신종 *R. lacicola* (Hahn et al. 2014)의 경우, 편모(flagellar) 합성에 필요한 유전자들이 없는 것이 확인되어 편모에 의한 운동성은 음(negative)으로 판정되었다. 또한 유전체 서열 분석을 하여서, G+C (mol%) 분석을 위한 별도의 실험은 하지 않아도 되었다.

신종 보고 논문에서 다루는, 게놈 분석을 통해 얻어지는 항목으로는 게놈 크기, G+C (mol %), 대사의 특성(대사 경로의 유무; 예, 포도당 新生[gluconeogenesis], 해당[解糖 glycolysis], TCA 경로, 호흡 전자 전달계), 막 물질 운송계(membrane transport systems), 편모 유전자, 프로티오로돕신(proteorhodopsin), 내성 유전자, 프로파아지(prophage), 삽입 시퀀스(insertion sequences) 등이 있다.

Amaral et al. (2014)은 문헌에 보고된 비브리오 표현형과 게놈에서 예견된 표현형을 비교하고자, 비브리오 12 종에 해당하는 26 개 균주의 게놈을 분석하였다. 분석한 표현형은 14

개의 진단적 표현형 특징들(예, Voges-Proskauer 반응, 인돌[indole] 생산, 알기닌 가수분해효소[arginine dihydrolase], 오르니틴 탈탄산효소[ornithine decarboxylase], 미오이노시톨[myo-inositol], 자당[sucrose]과 L-leucine의 이용, 7개당[D-mannitol, D-sorbitol, L-arabinose, trehalose, cellobiose, D-mannose 및 D-galactose]의 발효)이며, 진단적 표현형 특징들에 관련된 대상 경로에 있는 특정 단백질들을 코딩하는 유전자들을 분석하였다. 표현형으로 이끄는 대사 경로에 관여하는 효소 유전자가 유전체에 모두 존재하면 해당되는 표현형은 양성이며, 하나 이상 없게 되면 음성으로 간주되었다. 또한 조절 유전자들(regulatory genes)을 평가하는 것도 중요하였다. 그리고 유전자 내에 삽입과 결손(indels)의 유무, sRNA 조절의 존재, 프로모터(promoter) 시퀀스의 존재, 총체적 조절유전자(global regulators)를 평가하였다. 이와 같이 하여서, 게놈들의 각각에 대해 실험적으로 테스트할 수 있는 표현형적 분류를 예측하였다(Amaral et al. 2014).

*V. alginolyticus*와 *V. cholerae*, *V. parahaemolyticus*와 *V. cholerae*, *V. parahaemolyticus*와 *V. mimicus*, 그리고 *V. harveyi*와 *V. cholerae*는 *in silico* DDH 값이 25%보다 작았지만 표현형 유사도는 65% 이상이었다. 유전체 시퀀스에서 유래한 표현형의 유사도는 생리/생화학적 테스트에 기반한 표현형 유사도와 상관관계(r^2=0.48)를 나타냈다.

자매 종인 *V. harveyi*와 *V. campbellii*를 구분(differentiation)하는 주요 특징적인 표현형은 오르니틴 탈탄산효소, 자당과 갈락토오스(D-galactose)의 발효이다. 이들 표현형에 관여하는 유전자들은 *V. harveyi*의 두 균주에 존재하는 반면에, *V. campbellii*의 5개 균주의 게놈에서는 자당의 발효에 관여하는 4개의 유전자가 없었다. 갈락토오스의 이용과 오르니틴 탈탄산효소 활동도는 *V. campbellii* 종에서는 가변적(variable)인 것으로 알려져 있다. 몇 개의 균주는 갈락토오스의 이용에 필요한 5개의 유전자를 갖고 있지 않은 반면에, 다른 몇 균주는 이들 유전자를 갖고 있기 때문이다. 그러나 게놈 분석에 의한 표현형 예측과 문헌상에 보고된 표현형 결과와 일치하지 않는 예도 있다. 한 예를 들면, *V. natriegens* 유전체에는 인돌 생산과 오르니틴 탈탄산효소에 관련된 유전자들이 존재하는 것으로 분석되지만, 문헌상의 표현형 결과와는 일치하지 않았다. *V. ordalii* ATCC 33509^T 균주는 알기닌 가수분해효소 활동도, 만니톨(D-mannitol), 트레할로스(trehalose) 및 만노오스(D-mannose)의 발효에 관한 유전자를 갖고 있지만, 문헌상에서 관련된 표현형은 음성으로 보고되어 있다.

이러한 결과는 유전체에서 유전자들의 존재가 해당되는 균주에게 관련된 표현형을 반드시 갖게 하는 것이 아니기 때문에, 유전자 발현 예측에 있어서 돌연변이(mutation)와 조절(regulation)에 대한 이해가 앞으로 더욱 필요함을 시사한다. 유전자에 염기의 삽입 또는 삭제

등에 의한 돌연변이는 시기상조의 정지 코돈(codon)을 만들어서, 불완전하거나 변형된 유전자 산물(gene product)을 만들어 생리적 기능을 불활성화(inactive)시킨다. 억제 유전자(repressor genes), 조절 단백질, 총체적 조절유전자들이 어떤 조건들에서는 관련 유전자들의 발현을 막을 수 있다. 비브리오에 특징적인 표현형들은 총체적 조절유전자들(예, 로이신[L-leucine] 이용의 총체적 조절에 로이신-반응 단백질 Lrp, 자당 발효의 총체적 조절에 cAMP-CRP 복합체)에 의해 조절되는 것으로 보인다. Cellobiose 이용의 표현형이 음성인 것은 비브리오 유전체에서 총체적 조절유전자의 결여에 의한 것으로 보인다(Amaral et al. 2014).

진단적 표현형 특징들에 관련된 대사 경로에 있는 특정 단백질들을 코딩하는 유전자들을 분석함으로써 시간이 오래 걸리는 생화학 시험법들을 사용하는 표현형 특성 측정을 대체할 수 있을 것이다. 이로써 값비싼 실험적 표현형 테스트를 피할 수 있게 된다. 그러나 새로운 강 또는 문 같은 분류군에 속하는 신종의 경우엔 대사적 자료가 드물거나 없고 알려진 게놈이 빈약하여서, 실험적으로 신종의 기술을 견실히 하여야 한다. 유전체 분류학에서 신종 기술은 무엇보다도 적어도 하나의 완전한 게놈에 근거해야 한다.

추가적으로 신종에 속하는 균주들의 게놈들이 있으면, 종 내 유전체의 변이 및 표현형적 변이에 대한 정보를 얻을 수 있다.

배양체에 의존하지 않는(culture-independent) 시퀀싱 기법의 발달로 박테리아 유전체의 수는 빠르게 증가하게 되었다. 미생물 다양성을 기술하는 데 있어서, 그리고 진화 분기(divergence)에 따라 분류학적 위계들을 표준화하며 역사적 분류 체계의 불일치를 극복하는 정확한 진화계통을 구축하는 데에 있어서, 유전체 기반의 견고한 분류학을 필요로 하게 되었다. Thompson et al. (2013a)은 원핵생물 분류학은 개방-접속 유전체 분류학(open-access genomic taxonomy)의 새로운 파라다임에서 유전체학 시대에 순응해야 한다고 주장하였다. **유전체 분류학**은 이미 전통적인 종 기술과 재분류(re-classification)를 성공적으로 대체할 수 있음이 제시되었다(Thompson et al. 2011a, b, 2013b, Moreira et al. 2014a, b). Vandamme & Peeters (2014)는 완전한 게놈 시퀀스와 최소한의 표현형 특징의 기술에 근거한 종의 기술이 충분하고, 비용 효율적이며, 적절하다고 제안하였다. 유전체 분류학은 안정되고 재현 가능하며 정보력 있는 분석체계를 정립함으로써 원핵생물 분류학과 원핵생물 군집 다양성 분야 간의 커지는 간격을 좁힐 수 있을 것이다. 분류를 수행하는 데 드는 비용은 저렴한 것이 바람직한데, 신종 기술에 드는 비용은 유전체 시퀀스에 기반할 경우 다상 분류학에 기반한 것보다 더 싸고 빠를 것으로 본다.

이상적으로 '개방-접속 유전체 분류학'은 게놈 시퀀스들에만 기반하여 새로운 균주들과 종들을 분류학적 공간에 진화계통적으로 배치시키고, 개방형 온라인 데이터베이스들에서 표현형적·대사적 특성을 파악한다(Thompson et al. 2013a). 표현형들과 그에 연관된 유전자들의 방대한 모음은 SEED 데이터베이스(Overbeek et al. 2014)에 포함되어 있다. 많이 사용되는 유전체학 도구들은 유전체 간 거리(GGD), AAI, ANI, 코돈 사용빈도 편향(codon usage bias), 초(超)계통수 분석(supertrees analysis), 대사경로 목록(metabolic pathway content), 핵심 유전체 분석, 범(凡)유전체 가계 계통수(pan genome family trees), 가상 단백질체 분석(*in silico* proteome analysis)이다. 유전체 분류학은 신뢰할 만한 동정과 분류에 대한 예보적 연산 체제(predictive operational framework)를 제공할 것으로 본다.

다만, 유전체를 분류학에 사용함에 있어서 몇 가지 문제가 있다(Ramasamy et al. 2014). 많은 주요 원핵생물의 분류군들에서 시퀀스된 게놈들이 없고, 시퀀스된 게놈들의 상당수는 의학 또는 생명공학적 중요성을 갖는 원핵생물들에 편중되었다는 것이다. 또 관심 대상 종의 유전체 시퀀스는 항상 타입 균주의 것이 아니란 것이다. 안정된 분류학적 틀(framework)을 위해서, 지금까지 분류된 원핵생물 종들의 게놈 시퀀싱을 수행할 필요가 있다. 이 문제의 심각성은 시간이 가면서 줄어들 것이다. 또한 유전체 시퀀싱도 결점이 없는 것은 아니다. 전체-유전체 조립은 가끔 짧은 리드들(reads)과 많은 반복 지역(repeat region)에 의해 복잡해진다. 리보조옴 RNA 오페론은 종종 똑같은 다중 복사본으로 존재하며, 파아지(phage) 유전자들, 트랜스포존(transposon), 삽입 요소들(insertion elements)도 조립 과정 동안 계산의 혼란을 가져온다. 게놈을 완전하게 마무리하기 위해서는 추가적으로 PCR walking이나 PacBio (Pacific Biosciences) 등을 이용하여 긴 시퀀스를 얻어야 하는 등 비용과 시간이 소요된다.

게놈 시퀀스로부터 특징적인 표현형을 예측하려면 게놈의 질이 좋아야 한다. 적어도 20배 이상의 게놈 커버리지(coverage, 게놈 커버리지=평균 리드 크기×리드의 총 수/평균 게놈 크기)와 Phred의 오차 확률을 사용한 양질의 제어가 필요하다(Amaral et al. 2014). 일루미나(Illumina) 시퀀싱의 경우 Q30 (염기 판정[base call]의 99.9% 정밀도, 또는 1000개 중 하나의 오차)을 양질 판단의 기준값(threshold)으로 한다. 일반적으로 게놈의 주석(annotation)은 데이터베이스에 있는 주석이 달린 단백질들과 게놈에서 예측된 단백질 사이의 유사도(similarity)에 기반한다. 예측된 단백질은 정동체 유전자들(整同體 orthologs genes)과 >40 %의 동일성(identity)을 갖는가, 그리고 일치한(matched) 시퀀스의 길이는 통상 query 길이의 >70 %인가를 확인한다. 이러한 작업은 예측된 단백질의 상동체(相同體 homolog)가 알려져 있는 것을 전제로 한다. 실제로는 매우 적은 단백질들의 기능이 실험적으로 확증되었다. 그러므로 자동화된 게놈 주석은 누락된 정보로부터 발생하는 오류에 취약한 단점이 있다.

가까운 미래에 신종을 기술할 경우, 타입 균주와 참고 균주의 게놈 시퀀스를 확보하고 각 게놈의 표현형 정보를 끌어내어 전통적인 표현형 특징 규명을 보충 내지는 대체할 수 있을 것으로 본다. 그리고 비교할 표현형 특징들의 목록을 확대시킬 것으로 예상된다. 현재 발표되는 신종 기술 논문들에 있는 표현형 자료들의 표는 컴퓨터가 읽을 수 있는 포맷(format)이 아니어서 대사 다양성 연구에 장애가 되고 있으나, 게놈 시퀀스를 이용한 표현형 특징 규명은 연구자들로 하여금 전자 데이터(electronic data)들의 비교를 손쉽게 할 것으로 본다 (Amaral et al. 2014).

Prochlorococcus 속은 2013년까지 하나의 종, 2개의 아종(*P. marinus* subsp. *marinus*와 *P. marinus* subsp. *pastoris*), 그리고 6개의 생태형(ecotypes)으로 구성되어 있었다. Thompson et al. (2013c)은 13개(배양된 *P. marinus* 타입 균주와 그리고 참고 균주들)의 알려진 *Prochlorococcus* 유전체를 대상으로 MLSA, AAI와 유전체 간 거리(GGD)를 분석하였다. 그 결과 13개의 균주들을 10개의 다른 *Prochlorococcus* 종으로 추정하였다(Thompson et al. 2013c): (1) *Prochlorococcus marinus* SS120^T (속의 타입 균주), (2) *Prochlorococcus pastoris* MED4^T, (3) *Prochlorococcus chisholmii* AS9601^T, (4) *Prochlorococcus ponticus* MIT9301^T, (5) *Prochlorococcus nereus* MIT9202^T 및 MIT9215, (6) *Prochlorococcus neptunius* MIT9312^T, (7) *Prochlorococcus proteus* NATL2A^T 및 NATL1A, (8) *Prochlorococcus ceticus* MIT9211^T, (9) *Prochlorococcus swingsii* MIT9313^T 및 MIT9303, 그리고 (10) *Prochlorococcus tetisii* MIT9515^T. *Prochlorococcus* 종들은 MLSA에서 >95% 이상의 동일성, >94%의 AAI, 그리고 유전체 간 거리의 >70% 동일성을 공유하는 균주들의 그룹으로 정의되었다. *Prochlorococcus* 종들의 동정에서 가장 높은 분해능을 갖는 방법은 AAI, 그 다음은 MLSA, GGD 순이었다. *Prochlorococcus* 종들의 구분에 표현형 특징들도 고려되었다.

최근 94,759개의 박테리아 게놈에 널리 분포하는 120개의 단일 사본(single-copy) 단백질들의 연쇄로부터 추정된 진화계통을 사용하여 '표준화된 박테리아 분류학'이 제시되었다 (Parks et al. 2018). Parks et al. (2018)은 상대적 진화 분기(relative evolutionary divergence)에 기반하여 분류학적 위계를 표준화하였다. 이 새로운 분류('유전체 분류학 데이터베이스 [genome taxonomy database, GTDB] 분류학'으로 불려짐)에서는 약 58%의 게놈들이 분류상에 변화를 갖게 되었고, 99개의 새로운 문이 기술되었다. 그리고 Candidate Phyla Radiation이 하나의 문으로 합병되었다(보다 상세한 내용은 6장의 '분류체계의 역동적인 변화'를 참조). GTDB는 배양되지 않은 박테리아의 분류를 증진시킬 것으로 예견된다.

또한 최근 원핵생물 분류학에서 게놈 자료의 이용이 확대되고 있는 추세를 인식하고, 분류를 위한 게놈 서열의 이용에 대한 최소 표준안이 제안되었다(Chun et al. 2018). 첫째, 서열을 획득하는데 사용되었던 시퀀싱 장비, 라이브러리 구축에 사용된 시약, 서열 어셈블리 방법을 자세히 명시해야 한다. 둘째, 최종적으로 얻어진 게놈 서열에 대한 길이, G+C 몰%, contigs 수, N50 값(contigs를 크기 순으로 배열할 경우 50%에 해당되는 contig의 길이), 시퀀스의 게놈 커버리지 값을 명시해야 한다. Illumina, Ion Torrent, Pacific Biosciences 시퀀싱 장비를 이용하여 서열을 얻는 경우, 게놈 커버리지는 ×50 이상이 될 것을 권장하고 있다. 시퀀스의 오염 가능성도 확인되어야 하며, 이를 위해 16S rRNA 유전자 또는 단백질 코딩 유전자들을 이용할 수 있다. 어떠한 방법을 이용하던지 타입 균주의 완전한 16S rRNA 유전자 서열은 제시되어야 한다. 셋째, 신종을 제안하고자 할 경우에는 계통분류학적으로 관련성이 있는 모든 종들과의 전체 게놈 관련 지수(예, ANI 또는 dDDH) 값이 제시되어야 한다. 신속 또는 그 이상의 분류군을 제안할 경우에는 30개 이상의 살림살이 핵심 유전자들로 구성된 계통유전체적 계통수(phylogenomic tree)가 사용되어야 한다. 넷째, 최종적으로 얻어진 게놈 서열은 별도의 로그인 과정을 거치지 않는 공공 데이타베이스(GenBank, EMBL, DDBJ)에 기탁되어야 한다.

종합하면, 원핵생물 분류학은 다상 분류학에서 새로운 유전체 원핵생물 분류학으로 향해 가고 있다. 그리하여 원핵생물 다양성을 더 잘 기술하게 되고, 의학 및 환경 미생물학자 등 타분야 연구자들에게 더 유용하게 될 수 있을 것이다. 원핵생물의 분류학은 앞으로 게놈 시퀀스 즉, 유전체 분류학에 더욱 의존하게 될 것으로 여겨진다.

제4장 신속(novel genus), 신과(novel family), 신목(novel order), 신강(novel class), 신문(novel phylum)에 속하는 신종을 보고하기

조병철

4.1. 공인된 발표

본론에 들어가기 전에 명명 규칙에 따라 신종(新種)의 이름을 '공인된 발표'(valid publication)를 하는 것이 무엇인지에 대하여 알아보자. Tindall et al. (2006)은 이에 대한 개념과 주요 내용을 요약한 논문을 원핵생물 분류학의 현재 세대를 위하여 발표하였다. 더 완벽한 내용은 박테리아 코드(Lapage et al. 1992)와 원핵생물 코드(2008 개정판)의 3장 5절 '*Priority, Effective and Valid Publication of Names*' (Parker et al. 2019)를 참고하기 바란다. 앞으로도 약간의 수정이 도입되겠지만, 아마도 사소한 수준일 것이다. 아래에 그 골자를 소개한다.

원핵생물의 명명법은 몇 세대에 걸쳐 헌신적인 미생물학자들의 누적된 연구에 기반하여 탄탄한 토대를 갖고 있다. 그 주요 요소는 이름의 '공인된 발표' 체계이며, 이 체계는 이름의 공식적인 등록/색인을 하는 방식(form)을 부여한다. 현재의 체계는 1980년 1월 1일부터 시행되어왔다. 원핵생물 명명법에서 명확함(clarity)을 제공한 첫 의미있는 걸음은 1975년 개정판으로 발표된 박테리아 코드(Bacteriological Code)의 대대적 수정이었다(Lapage et al. 1976). 여기서 명확한 가이드라인이 제시되었고, 박테리아 코드의 규칙(Rules)에 상응하는 이름을 애매하지 않게 문서상으로 기록(document)할 수 있게 하는 새로운 개념을 도입하게 되었다. 규칙 23과 24는 이름들의 우선권과 발표를 결정하는 주요 측면을 다루었다. 규칙 24의 새로운 점은 이름들의 등록/색인 체계인 공인된 발표에 근거하는 것이었다. 이와 병행하여, 기존의 이름들에 대한 평가가 수행되어 계속 남아있게 될 이름들을 결정하고, 미래에 생겨날 이름들이 즉각적으로 과학계에 가용하도록 하는 기구(機構 mechanisms)들을 제공하였다. 이 기구들이 이름의 '공인된 발표'의 주요 요소들이다. 가장 적절하다고 고려된 체계는 3개의 요소들로 되어 있다: 과거의 문헌에 있는 이름들을 위해 개발된 체계는 "Approved Lists of Bacterial Names" (Skerman et al. 1980, 1989)에 상세히 기록되어 있다. Approved Lists of

Bacterial Names를 편찬하는 데 있어서 중요한 다른 요소는 이름이 발표된 곳(저널 또는 서적명), 년도 및 저자를 기재하고(locate), 속, 종 및 아종의 경우 타입 균주와 적합한 기술에 대한 참고문헌을 제공하는 것이었다. 또 다른 중요 요소는 적절한 타입 재료(type material), 되도록이면 타입 균주를 지정하는 것이었다. 하나만 지정하기로 결정이 되어 ATCC (American Type Culture Collection)를 우선적으로 지정하였으나, 동등한 균주가 다른 미생물 균주 보존기관에 의해 소지된 경우 또한 타입 재료로 제공될 수 있음도 알기 바란다(Tindall et al. 2006).

'Approved Lists of Bacterial Names'에 나타나지 않는 종의 이름은 명명상에서 자리를 잃었다. 따라서 'Approved Lists of Bacterial Names'에 있는 모든 이름은 공인 발표된 것이고, 어떤 다른 이명(synonyms)에 대하여도 자동적으로 보호를 받게 되었다. 'Approved Lists of Bacterial Names' 다음에 남은 과제는 새 분류군을 기술하고, 분류의 수정으로부터 유래되는 명명상의 변화를 기술하는 것이었다. 그리고 필요시에는 'Approved Lists of Bacterial Names'에 포함되지 않았던 이름도 그 기술에 맞는 분류군을 발견할 시에는 부활되어 공인 발표될 수 있도록 하는 것이었다(Tindall et al. 2006).

'**유효한 발표**(effective publication)'는 영구적인 기록을 제공하기 위한 목적으로 학계에 인쇄물 또는 전자물(electronic material)로 판매 또는 배포하여 가용하게 함으로써 유효하게 된다(원핵생물 코드, 규칙 25a). 예를 들면, IJSB/IJSEM이 아닌 학술지에 동료 심사를 거친(peer-reviewed) 논문은 유효한 발표로 간주될 수 있다. 이러한 신종의 이름들은 큰따옴표(" ") 안에서 기재된다.

다음에는 새로운 분류군의 이름이 **공인된 발표**가 되기에 필요한 여건들에 대해서 알아본다: 1) 신종의 이름은 국제학술지인 IJSB/IJSEM에 발표한다. IJSB/IJSEM에서 신종 이름의 발표는 분류군의 기술을 수반한다. 제안되는 이름의 분류학적 위계를 명확히 하고(예, fam. nov., gen. nov., sp. nov., comb. nov., 등으로 표시), 2) 이름의 어원(etymology)을 제공하며, 3) 분류군의 특성(properties)들에 대해 기술하고, 4) 적절한 타입(type)이 지정되어야 한다. 이것은 '**protologue**'라고 하는 표준화된 체재(format)를 취하고 있으며, 2001년부터 도입되었다. IJSEM에 투고된 새로운 분류군의 모든 이름들은 ICNP의 규칙에 근거하여 이름들이 채택될 수 있는지를 확실히 하기 위해서 명명에 대한 리뷰를 받게 된다. 따라서 IJSEM에서 잘못 지어진 이름의 발표는 드물다. 한편 *Candidatus*의 위계(rank)는 코드에 의해서 다뤄지지 않기 때문에 공식적으로 리뷰가 필요하지 않아서, *Candidatus* 분류군의 이름들은 명명에 대한 리뷰를 받지 않았다(Oren 2017). 그 결과, 400여 개의 *Candidatus* 분류군 이름들(대부분은 ‘List of Prokaryotic Names with Standing in Nomenclature’ [LPSN; www.bacterio.net/-candidatus.html] 목록에 기재되어 있다) 중에서 120개가 코드의 현재 규칙에 상반되거나 문제가 있는 것으로 보고되었다(Oren 2017).

타입 종의 지정(type designation)은 반드시 이행되어야 한다. 종의 명명법상 타입 종(nomenclatural type)은 반드시 지정되어야 한다(Tindall et al. 2006). 신종, 신아종 그리고 신결합(combinations)의 저자는 그 타입 종이 적어도 두 개의 다른 나라에 있는 두 개의 미생물균주 보존기관에 기탁되었고 가용하다는 인증서(certificates)를 IJSEM (=ICSP의 공식 기관)에 제출해야 한다. 그리고 미생물균주 보존기관들에서 균주에게 부여하는 취득 번호(accession numbers)는 발표 논문에서 인용되어야 한다. 새로운 원핵생물의 종명은 두 개의 국제 미생물균주 보존기관에 순수 배양체의 기탁을 완료한 경우에만 그 종에 대한 기술이 유효하게 출판되고 공인된다. 특별한 시설이 필요한(위험 그룹[Risk Group]/생물학적 안전 수준 3[Biological Safety Level 3], 고압 등) 개체의 경우는 예외로 인정하고, 각 경우를 심사하여 논문 발표 시에 예외를 알리도록 한다. 현재 특허 목적으로 기탁된 균주들은 접근이 제한되는 방식으로 기탁되어서 타입 균주로 쓰이지 않는다.

신종의 이름이 다른 저널 또는 책에 발표된 경우, 원핵생물 코드에 상응한다면 IJSEM 편집사무실에 3개 별쇄본 또는 pdf 파일을 보내어 ‘확증 명단(Validation List)’에 그 이름이 포함되도록 요청할 수 있다. 본인이 아니라, 이런 사실을 알고 있는 다른 과학자가 이와 같은 일을 할 수도 있다. 만약 원래의 논문에서 타입 종의 지정, 어원(etymology) 또는 취득 번호의 인용과 같은 경미한 사항이 누락된 경우, 확증 명단에 있는 자료에 추가로 이러한 정보들이 첨가될 수 있다(Tindall et al. 2006). 발표된 원핵생물들의 이름(최근 것까지 포함)에 대한 권위적인 사이트가 있으니 참고하기 바란다(http://www.bacterio.net).

신종을 보고하기 위해서는 보고하려는 대상 종에 대한 진화계통적 분석의 결과가 중요하다. 즉, 진화계통적 위치가 속, 과, 목, 강 또는 문 수준의 분류군에 속하는가를 분명하게 추정하는 것이 매우 중요하다. 종의 범주만이 하나의 실체(real entity)로서 간주되고, 분류학적 위계에서 모든 상위의 범주들은 추상적인 것으로 간주되지만, 최근 높은 분류군을 한정하는 16S rRNA 유전자의 기준 값들이 계산되었다: 다른 속, 과, 목, 강, 문에 속하는 것을 나타내는 16S rRNA의 쌍 동일성 값들(pairwise identity values)은 대략 각각 <95%, <92%, <89%, <86%와 <83%이다(Rosselló-Móra & Amann 2015).

위계의 수준이 결정되면, 신종이 갖는 독특한 표현형 특성들이 신종의 가까운 분류군과 비교되어 규명되어야 한다. 높은 위계에 있는 분류군의 기술(記述)은 주로 진화계통적 분석과, 유전체적 일관성, 그리고 표현형 특징들의 철저한 분석에 기반하여 분류 체계의 틀에서 유일성을 나타내야 한다. 예를 들어, 신속(新屬)으로 판명되면, 판명된 신속에 가까운 몇 속들의 표현형 특성들과 비교하여, 새로 보고하려는 신속이 갖는 독특한 표현형 특성을 규명한다. 그리고 가능하면 2개 이상의 균주에 의거하여 신종을 기술하는 것을 추천한다 (Christensen et al. 2001). 그 이유는 하나의 균주에 대한 연구만으로는 그 분류군 내의 다양성에 대하여 알려주는 바가 없기 때문이다. ICSP의 일반적 견해는 하나의 균주에 근거하여 새로운 분류군을 보고함이 불가피할 경우, 모든 관련된 종들과 뚜렷이 다르다는 것을 입증하기 위하여 광범위한 표현형, 유전체적, 그리고 진화계통 연구가 필수적이라고 본다. 참고로, ICSP는 원핵생물의 어떠한 공식적 분류도 지지하지 않는다. 원핵생물 코드(Parker et al. 2019)는 명명의 측면만을 다룬다. 원칙 1.4는 '이 코드의 어느 것도 분류학적 사고 또는 분류학적 행동의 자유를 제한하는 것으로 해석되지 않는다' 라고 말하고 있다.

BOX 7: 새로운 분류군을 기술하는데 필요한 균주의 최소 수(數)에 대한 논의

박테리아 코드(1990 개정판)의 30b 추천 안은 신종의 기술과 이름의 발표가 있기 전에, 신종의 기술과 조사는 적어도 관련 분류군에 요구되는(만약 있다면) 최소 표준안에 따라야 한다고 언급하고 있다. 최소 표준안은 ICSB (the International Committee on Systematic Bacteriology)하에 있는 분류학 분과위원회에 의하여 발표된다. 이 경우 분리된 균주(isolates)의 수와 선택에 대한 추천이 주어진다. 여러 지역에서 분리된, 가능한 많은 균주(적어도 5개 균주 이상)에 근거하여야 한다(즉, 중간 값들을 대표하는 균주를 타입 균주[type strain]로 선정= 진단[diagnostic] 타입 균주)고 추천되어 왔었다. 타입 균주에 대한 연구가 일반적인 결론을 도출하는데 종종 사용되기 때문에, 타입 균주의 선택에 사용되는 분리 균주들의 다양성은 박테리아 분류학의 신뢰성에 의존하는 농업 및 환경 과학과 의학·수의학과 같은 다른 분야들에 그리고 새로운 분류군의 특징 규명에 중요하다. 분류군 당 하나의 균주(즉, 명명법상 타입 균주)만 있으면, 신종의 형질상의 분기(divergence), 생태적 또는 지리적 분포에 대한 정보는 없게 된다. 의학·수의학 미생물에서 단일 균주에 의거한 신종의 기술(記述)은 진단, 임상적 중요성, 그에 따른 조처 및 예방(prophylaxis)에 대하여 큰 불확실성을 사용자들에게 남기게 된다(Christensen et al. 2001). 그리고 2007년에 Felis & Dellaglio는 단일 균주를 사용하여 신종을 발표하는 경향이 최근 들어 크게 늘어났음을 제시하면서, Strackebrandt et al. (2002)이 여러 균주들에 근거하여 신종을 기술할 것을 장려한 바와 큰 차이를 보이고 있음을 언급하였다. 원핵생물의 생물다양성(biodiversity)에 대한 과학적 기술의 필요성과 적절한 분류학적 실행간의 타협점으로써, 단일 균주를 사용하여 신종을 발표하게 될 경우 *species proponenda* (sp. pr.)을 잠정적 상태로서 사용하기로 제안하였다(Felis & Dellaglio 2007). 이렇게 함으로써, 같은 종이지만 생태적, 또는 표현형이 상이한 여러 균주들을 발표하여 타입 균주(type strain)의 정립에 기여할 수 있다고 제안하였다.

최근 신종의 기술에 포함된 균주들이 여럿 있을 경우 유전자형 판별(genotyping)을 하여, 보고되는 각 균주들이 서로 다름을 확인할 필요가 있음이 제안되었다(Figueras et al. 2006). 이는 특히 균주들이 같은 원(源) 또는 장소에서 분리되었을 경우에 중요하다.

4.2. 신종(新種)의 작명

작명의 주 목적은 코드의 원칙(Principle) 4에 나와 있듯이, 특정 종을 조회(referring)하는 수단을 제공하고자 하는데 있다(Euzéby 2007). 코드가 채택되기 전에는 원핵생물 종이 여러 개의 이름을 갖는 것이 흔했다. *Bergeys's Manual* 6판은 *Bacillus*에 대하여 31개의 가능성이 있는 이명을 보고하였고, *Bacillus subtilis*에 대하여 27개의 가능성이 있는 이명을 보고하였다. *Bacillus* 속을 포함하는 과의 이름도 여러 저자들에 의해 다른 이름으로 불려졌다: *Bacillaceae*, *Bacillidae*, *Bacteriaceae*와 *Endosporaceae* (Whitman 2016). 코드는 이명(synonym)의 생성을 막고 나중에 그 이름이 바뀌는 것을 막기 때문에, 이름의 안정성과 유일성을 확실하게 하는 3개의 메커니즘을 갖는다(Whitman 2016). 첫째, 코드는 원핵생물의 가장 최초의 이름에 우선권을 준다. 하나의 분류군이 이미 공인된 이름을 갖고 있다면, 보통의 상황에서 다시 명명을 하는 것은 가능하지 않다. 둘째, 높은 분류상 위계(rank)들의 이름들은 속명에 따르기 때문에, 강(class)에 이르는 모든 분류상 위계에 우선권이 적용된다. 현재 코드에서 인정된 가장 높은 분류상 위계는 강이다. 셋째, 각 이름은 변경할 수 없는 어떤 타입(type) 재료와 연관된다. 이 타입 재료를 포괄하는데 사용할 수 있는 유일한 이름이 우선권이 있는 이름이다. 예를 들면, 균주 ATCC 6051는 *Bacillus subtilis* 종의 타입 재료이고, *B. subtilis*는 *Bacillus* 속의 타입 종이다. 그 우선권은 최초 기술된 시기에 의해 결정되며, *B. subtilis*의 경우는 Ehrenberg에 의한 1835년이다. 우선권 규칙(Rules)에 의해, Ehrenberg가 기술한 바에 따라 기술되는 어떤 종도 *Bacillus subtilis*로 불려져야 한다. 마찬가지로, 균주 ATCC 6051를 포함하지 않는 종은 *B. subtilis*라고 명명할 수 없다. *B. subtilis*를 포함하는 속은 *Bacillus*로 명명되어야 하고, *Bacillus*를 포함하는 과는 *Bacillaceae*로 명명되어야 한다.

균주 ATCC 6051에 관련된 균주가 *B. subtilis* 종인지, *Bacillus* 과에 속하는지, 또는 과내의 신속인지는 타입 재료(종)와의 연관도(relatedness)에 의해 결정된다. 이러한 한정(circumscription)은 코드에 의해 결정되지 않고, 분류학 이론(코드에 의해 조정되지 않는)에 의해 결정된다.

만약에 타입 재료가 빈약하게 정의된다면, 그 타입 재료의 분류군을 한정하는 것이 불가능하며 다른 균주들과의 연관도를 결정하는 것이 불가능해 진다. 배양체는 가장 흔한 타입 재료이지만, 코드의 초기 버전들은 표본(specimens)과 상세한 기술(예, 선충류의 절대적 기생 박테리아인 *Pasteuria ramosa*)이 타입 재료로 사용됨을 허용하였다(Whitman 2016). 2001년에 코드가 개정되어 오직 미생물균주 보존기관에 기탁된 원핵생물만이 타입 재료로써 쓰이게 되었다. 따라서, 기탁할 수 없는 숙주에서 자라는 공생자(symbionts)들과 엄청나게 다양하고 많은 배양하기 어려운 원핵생물들의 분류군 이름에는 코드가 적용되지 않게 되었다.

이름엔 어떤 의미가 있다. 종명은 신종의 특징에 대한 어떤 정보를 줄 수 있다. 분류 과정에서 종에 이름을 지어주게 되는데, 분류의 결과가 종의 작명에 영향을 줄 수도 있다. 신종의 작명에 있어서, 종명(species name)의 경우 형태적 특성, 생리적 특성, 분리된 환경의 특징 등을 나타내는 형용어(epithet)를 사용한다. 또한 지역명, 사람의 이름이 신종의 속명, 또는 종명으로 사용된다. 대장균(*Escherichia coli*)의 속명이 왜 *Escherichia*인지 궁금한 분들이 많았을 텐데, 대장균의 타입 종(type species)은 1885년 경에 T. Escherich에 의해 분리되었고(Hughes & Datta 1983), 이를 기리기 위해 작명되었을 것으로 본다. *Shimia marina*의 경우도 사람의 성을 속명으로 사용한 경우이다. 우리나라 해양플랑크톤 분야의 선구자인 前 심 재형 교수의 性인 ‘Shim’을 속명으로 한 것이다. 이러한 예는 많이 있다: *Zobellia*, *Jannaschia*, *Orenia*, *Colwellia* 등이 있다. 그러나 박테리아 연구와 관련이 없거나 적어도 자연과학과 관련이 없는 사람의 이름을 신종의 작명에 사용하여선 안 된다.

최근 IJSEM의 편집위원장에 보내는 글에서 Trüper (2005)는 신종의 작명에 있어서 속명 또는 종명에서 지역명(또는 실험실명, 대학명, 도시명, 지방명)의 사용이 계속 증가하고 있음을 지적하였다. 즉, 지역명에 −*ensis* (중성 경우: −*ense*)를 붙이면 되는 간단함이 있지만, 신종의 특성을 찾아 작명하려는 노력을 회피한 것으로 볼 수도 있는 것이다. 그로 인하여 연구실이 존중을 받을 수도 있고, 지역 또는 국가에서 존중을 받게 되어 연구비의 수주가 더 나아질 수 있고, 나아가 분쟁지역에서 자국에 의하여 연구가 수행되었음을 알리는 지정학적 목적도 있을 수 있는 것이다. 그러나 'International Code of Nomenclature of Prokaryotes (ICNP)'는 어디서도 과학적 목적 이외에 사용을 말하고 있지 않다. 종의 지역적 분포가 국한될 것으로 예상될 경우, 예를 들어 종명에 antarcticus, pacifica 같은 형용어의 사용은 무방할 것이다. 본인의 실험실에서도 신종 연구 초기에 신종들이 분리되었던 염전 지역의 이름인 '서신'을 종명으로(*seosinensis*) 두 번 사용한 적이 있었다. 그 후로는 이와 같은 지역명의 사용은 최대한 자제하고 있다. 명백히 독특한 특징을 갖는 특별한 환경인 경우에도, 지역명 보다는 그 환경의 특별한 특성을 형용어로 사용하는 것이 바람직하다. 특히 속이나 과에서의 첫 번째 종인 경우 지역명으로 종의 이름을 작명하는 것은 바람직하지 않다(Trüper 2005).

목을 상회하는 분류군의 이름은 박테리아 코드(1990년 개정판, Lapage et al. 1992)와 원핵생물 코드의 'Rule 8'에 의해 다뤄진다. 강(class) 위의 분류학적 범주들은 규칙(Rules)에 의해 규제되지 않는다. 실전적 목적을 위해서 'Rule 8'이 강과 아강들의 이름에 적용된다. Euzéby (2013)은 'Rule 8'의 글귀가 'Principle 4'와 상반되어 ICSP가 'Rule 8'을 수정할 것을 제안하였다. 제안된 중요한 수정 내용을 아래에 소개한다: 강의 이름은 중성 및 복수로 하고, 첫자를 대문자로 적는다. 강의 타입 목에 속하는 타입 속(type genus) 이름의 줄기(stem)에 접미사 *-ia*를 첨가하여 강의 이름을 만든다. 아강의 이름은 여성 및 복수로 하고, 첫자를 대문자로 적는다. 아강의 타입 목에 속하는 타입 속(type genus) 이름의 줄기에 접미사 *-idae*를 첨가하여 아강의 이름을 만든다. 아강과 속 사이의 분류군의 이름은 타입 속의 이름의 줄기에 적절한 어미를 첨가하여 만들어진다(표 1): 목의 이름은 타입 과에 속하는 타입 속(genus) 이름의 줄기에 접미사 *-ales*를 첨가하여 만들고, 과의 이름은 과에 속하는 타입 속 이름의 줄기에 접미사 *-aceae*를 첨가하여 만든다. 아과(subfamily), 족(族 tribe), 아족(亞族 subtribe) 및 아속(subgenus)의 위계들은 현재 널리 사용되지 않는다(Tindall et al. 2006).

표 1. 분류학적 위계를 나타내 주는 접미사(원핵생물 코드, 규칙 9)

위계(rank)	접미사(suffix)	예
목(Order)	*ales*	*Actinomycetales*
아목(Suborder)	*ineae*	*Actinomycineae*
과(Family)	*aceae*	*Actinomycetaceae*
아과(Subfamily)	*oideae*	
족(Tribe)	*eae*	
아족(Subtribe)	*inae*	
속(Genus)		*Actinomyces*
종(Species)		*Actinomyces bernardiae*
아종(Subspecies)		

4.3. 신속(新屬)에 속하는 신종을 보고하기

신종 보고에 비해 새로운 속(屬)이 발표되는 빈도는 적다. 그러나 적지 않게 신속이 보고되고 있다. 더 높은 수준의 분류 수준에 속하는 새로운 종이 보고되는 빈도는 더 급격히 줄어든다. 그러나 아직도 신문(novel phylum) 수준에 속하는 신종들이 분리·배양되지 않아 보고되지 않고 있다.

신종으로 보고하려는 종이 진화계통수 상에서 기존의 종들과 클러스터(cluster)를 형성하지 않고, 진화상 거리(evolutionary distance)가 다른 속들과 유사하며 다른 속들과는 뚜렷이 별개의 계열(lineage)을 형성하면 신속으로 판단된다. 그리고 이러한 판단을 일관성 있게 지지하는 표현형 자료가 있게 되면, 즉 인접한 속들과 구별되는 표현형 특징들이 있게 되면, 신속으로 보고하게 된다.

하나의 균주를 갖고 신속 신종을 보고하는 경우, 종내 변이(intraspecific variability)에 대한 정보가 없기 때문에 가능한 많은 표현형 분석을 하여 제안하는 신속 신종이 가까운 속의 종들로부터 명확히 구분되도록 해야 한다. 제안하고자 하는 신속이 가까운 속들과 구별되기 위해선 생리적 형질만으로는 곤란하며, 보다 보존적인 형질들(즉, 지방산 프로필의 주요 성분들, 키논, 극성 지질 프로필, 폴리아민 유형[polyamine pattern] 등)에서 차이가 있어야 한다.

4.4. 신과(新科)에 속하는 신종을 보고하기

신과에 속하는 신종을 보고할 때에 필요한 작업은 신종이 속하는 목(또는 여러 아목)의 모든 과(科 family)들에 있는 종들을(representatives) 모두 포함시켜 계통수 분석을 수행하는 것이다. 계통수의 분석 결과, 新科와 관련된 종(들)이 기존의 과들에 속한 대표종들로부터 높은 분기(divergence)를 나타낸다면 신과의 제안이 가능하다. 높은 분기를 나타낸다는 말의 의미는 신과로 제안된 박테리아가 기존에 알려진 어떤 박테리아 과(科) 또는 속(屬)에 배속(assigned)될 수 없다는 뜻이다. 이 경우 신과가 속한 단계통(clade)의 붓스트랩(bootstrap) 값이 높아야 한다. 그리고 신과는 가까운 과들과는 다른, 즉, 생리, 생화학적, 화학분류학적 차이가 있어야 한다. 신목, 신강, 또는 신문(novel phylum)을 제안할 경우에도 이러한 방식이 적용된다.

신과에 속하는 신종이 보고된 하나의 사례로서 새로운 과(科)인 *Oleiphilaceae*에 속하는 *Oleiphilus messinensis* (Golyshin et al. 2002)을 소개한다. 16S rRNA 유전자 시퀀스의 분석 결과, 위의 종은 보고될 당시에 기존에 알려진 어떤 박테리아 과(科) 또는 속(屬)에 배속될 수 없음이 나타났다. 그리고 생리적으로도 매우 독특한 특성들을 보였는데, 테스트를 한 여러 당(糖 sugars), 유기산, 또는 아미노산들을 어느 것도 이용하지 않았으며 지방족 탄화수소(aliphatic hydrocarbons), alkanoates, alkanoles를 사용하였다. 이 경우에도 역시 가장 가까운 속인 *Alcanivorax*와 *Marinobacter*의 표현형 특성들(예, 극성 지질, 지방산, G+C 함량, 온도-성장 및 염분-성장 특징 등)과 비교되었다.

4.5. 신목(新目)에 속하는 신종을 보고하기

Kwon et al. (2005)은 벤조피렌(benzo[a]pyrene)과 피렌(pyrene)의 혼합물을 첨가하여 2년 동안 배양한 후 분리된 균주 중 고분자량의 다환 방향족 탄화수소(polycyclic aromatic hydrocarbons)를 분해하는 능력이 있는 균주를 신종(*Kordiimonas gwangyangensis*)으로 보고하였다. 16S rDNA 시퀀스 유사도는 가장 가까운 종(*Blastochloris sulfoviridis*; *Rhizobiales*)이 92.0%이었고, '*Rhizobiales*'에 속하는 다른 종들도 90.4-91.5%의 유사도를 보였다. '*Rhodobacterales*'의 종들도 유사한 유사도 값을 나타내었다. *α-프로티오박테리아*의 7개 다른 목에 속하는 대표적 시퀀스들과 정렬하여 계통분석을 한 결과, 7개의 목들과는 뚜렷한 별개의 진화계통 계열이 형성되는 결과(즉, *K. gwangyangensis*는 7개의 목들 사이에 위치하며 '*Rhizobiales*'-'*Rhodobacterales*'-'*Parvularculales*'로 구성된 단계통과 약한[66.3%] 그룹을 형성)에 근거하여 신종이 *α-프로티오박테리아*의 새로운 목에 해당하는 것으로 추정하였다. 이를 뒷받침하는 표현형적 특징들은 G+C 함량과 주요 지방산 조성의 비율이었다. G+C 함량이 39.3%로 다른 목들(47.5-70%)과 확연한 차이가 있었다. 다만 *Rickettsia*와 유사(29-30%)하였으나, 숙주 생물을 요구하지 않는 점에서 *Rickettsia*와 달랐다. 또 한 가지 흥미로운 것은 *α-프로티오박테리아*의 주요 지방산은 18:1 (octadecenoic acid)인데, *K. gwangyangensis*는 iso-heptadecenoic acid (i-17:1)가 46.2%이었다.

Kovaleva et al. (2015)는 육상 온천에서 *Algisphaera agarilytica* 06SJR6-2^{T}와 *Phycisphaera mikurensis* FYK2301M01^{T}에 16S rDNA 유사도가 각각 82.4와 80.3%를 갖는 균주(*Tepidisphaera mucosa*)를 분리하였다. *Planctomycetes* 문에 속하는 배양된 모든 종들을 포함

하여 계통수를 분석한 결과, *Phycisphaerae* 강에서 깊은 가지(deep branch)를 형성하는 것을 보고, 새로운 목의 제안 가능성을 갖고, 성장·생리·화학분류학적 분석을 수행하였다. 멀리 연관된 *Phycisphaerales* 목은 해양 종들로 중온생물(mesophile)인데 반해, 육상 온천 종으로 비교적 호열생물(moderately thermophile)이며 iso-$C_{16:0}$이 최소 66.8%를 차지하여 *Phycisphaerae* 강의 새로운 목인 *Tepidisphaerales*를 제안하였다.

해저 열수(hydrothermal) 시스템으로부터 분리된 호열성(최적 온도 75℃), 절대적 혐기성인 화학무기자가영양성(chemolithoautotrophic) 박테리아 *Thermovibrio rubber*의 경우, 16S rDNA 시퀀스의 진화계통 분석 결과 기존에 보고된 *Desulfurobacterium thermolithotrophum*과 같은 클러스터를 이루며 깊은 독립된 가지를 보여, *Desulfurobacterium thermolithotrophum*과 함께 *Aquificae* 문의 새로운 목(目)을 형성할 것으로 보고되었다(Huber et al. 2002). *Desulfurobacterium thermolithotrophum*은 *T. rubber*의 계통적으로 가장 가까운 관계종(relative)으로서, 16S rDNA 진화계통수에서 인접한 목인 *Aquificales*와 *Thermotogales*와의 사이에서 가지를 형성하며 불확실한 위치(*incertae sedis*)로 지정(designated)되어 있었었다. *T. rubber*는 인접한 목인 *Aquificales* 및 *Thermotogales*와 비교한 결과, *T. rubber*는 *Thermotogales*와는 다른 특성들이 뚜렷한 반면 *Aquificales*와는 공통되는 점이 있어서, *Thermovibrio rubber-Desulfurobacterium* 단계통에 속하는 몇 종이 더 보고되면 새로운 목에 대한 기술이 이루어질 것으로 보았다. *T. rubber*는 *Aquificales*와 달리 혐기성이며, 미호기성적(microaerobically)으로 또는 호기적으로 자랄 수 없다. 그러나 *Aquificales*와 같이 수소(H_2)를 전자 공여체로 사용하며, *Aquificales*에 특이적인 16S rDNA 표지(signature) 특징들을 갖고 있다. *Thermotogales*는 절대적 혐기성이며, 넓은 범위의 유기물을 발효하여 종속영양적으로 성장한다.

4.6. 신강(新綱)에 속하는 신종을 보고하기

Verrucomicrobia 문의 'subdivision 4'에 속하는 신종 *Puniceicoccus vermicola* gen. nov., sp. nov.을 보고한 사례(Choo et al. 2007)를 살펴보자. 16S rDNA 시퀀스의 비교·분석 결과 *P. vermicola*가 포함된 단계통이 *Opitutus terrae*를 포함하는 단계통과 명확하게 분리되는 것으로(붓스트랩 값은 100%) 나타났고, *P. vermicola*가 포함된 단계통의 구성원들은 *Opitutus terrae*를 포함하는 단계통의 구성원들과 단지 78.4-82.1%의 16S rDNA 시퀀스 유사도를 나

타냈다. 따라서 이 둘의 단계통은 분리된, 높은 분류군으로 위계(rank)시켜야 할 것으로 여겨졌다. 그리고 두 단계통 내의 균주들 간의 G+C 함량은 13.7-21.8 mol%의 차이를 보여, 뚜렷한 유전적 거리를 나타냈다. *Verrucomicrobia* 문의 'subdivision 2'에 새로운 강(綱) '*Spartobacteria*'와 새로운 목(目) '*Chthoniobacterales*'가 명명된 것과 유사하게, 'subdivision 4'에 신강 *Opitutae*가 제안되고, 신강 안에 두 개의 목(*Puniceicoccales*와 *Opitutales*)이 제안되었다.

Firmicutes 문에는 표현형, 화학분류학, 그리고 병원성 면에서 다양한 특징을 갖는 박테리아가 포함되며, *Clostridia* 강은 특히 그러하다. *Firmicutes* 문의 많은 박테리아가 다시 분류될 필요가 제기되었고, 문 수준 또는 강 수준에서의 재분류 결과 새로운 문과 강이 제안되었다: *Synergistetes* 문(Jumas-Bilak et al. 2009), *Negativicutes* 강(Marchandin et al. 2010)과 *Erysipelotrichia* 강(Ludwig et al. 2009a). 최근 Watanabe et al. (2015)이 *Firmicutes* 문에 *Limnochordia* 신강을 제안하기 전에는 5개의 강이 있었다: *Bacilli*, *Clostridia*, *Negativicutes*, *Erysipelotrichia*와 *Thermolithobacteria*.

Firmicutes 문에 속하는 신종의 분리 및 특징 규명이 되는 과정에서, *Limnochordia* class nov., *Limnochordales* ord. nov., *Limnochordaceae* fam. nov.에 속하는 *Limnochorda pilosa* 신속 신종이 보고(Watanabe et al. 2015)된 사례를 살펴본다. 이 사례는 깊은 진화계통 연구가 박테리아의 분류에 있어서 중요함을 확증해 준다. *Limnochorda pilosa* 타입 균주(HC45^T)의 16S rDNA 시퀀스는 배양된 종들과 85% 이하의 매우 낮은 유사도를 가졌다. 16S rDNA 시퀀스에 기초한 진화계통 분석 결과 HC45^{T}는 *Clostridia* 강의 *Symbiobacteriaceae* 과와 XVII *Incertae Sedis* 과에 멀리 연관되었고, HC45^{T}는 *Firmicutes* 문의 주요 종들과는 분리된 하나의 클러스터를 형성하였다. 하나의 분류군으로 제안되기 위해서는, 진화계통 자료뿐만 아니라 생리, 유전체, 화학분류학 자료가 멀리 연관된 분류군들과 구별되는 특징으로 뒷받침하여야 한다. *Limnochorda pilosa* HC45^{T}는 조건적 혐기성(facultatively anaerobic)으로 멀리 연관된 분류군들('*Caldinitratiruptor*', *Symbiobacterium*, *Sulfobacillus* 및 *Thermaerobacter*)과 같이 산소의 존재하에서 성장할 수 있는 반면에, *Clostridia*는 절대 혐기성(strict anaerobic)이다. HC45^{T}는 '*Caldinitratiruptor*', *Symbiobacterium* 및 *Thermaerobacter*에 속하는 박테리아와 같이 유전체의 G+C 값(65-72%)이 높았고, *Firmicutes* 문의 종들은 일반적으로 50%보다 낮은 값을 가졌다. 따라서 HC45^{T}와 '*Caldinitratiruptor*', *Symbiobacterium*, *Sulfobacillus* 및 *Thermaerobacter*는 *Clostridia* 강에 또는 *Firmicutes* 문의 다른 강에 포함되는 것으로 분류될 수 없음이 시사되어, *Firmicutes* 문 내에 새로운 *Limnochordia* 강으로 제안된 경우이다.

4.7. 신문(新門)에 속하는 신종을 보고하기

하나의 유용한 척도는 문 간의 전형적인 16S rRNA 유전자의 유사도 차이는 20-25%를 나타낸다는 것이다(Hugenholtz et al. 1998). Hugenholtz et al. (1998)에 의하여 박테리아의 문은 진화계통 관점에서 재현할 수 있는 단원적(單元的 monophyletic)이며, 문 수준에서 다른 그룹들에 귀속되지 않는 시퀀스들의 그룹으로 정의되었다. 문에 대한 강력한 진화계통적 정의(definition)는 두 문의 구성원(members)들 사이에서 공유된 유일한 진화계통적 특징은 박테리아 도메인에 속한다는 것이다. 이러한 개념은 문 내에서 새로운 강을 발견할 때에도(강 내에서 새로운 목을 보고할 때에도, 등등) 같은 방식으로 적용된다.

역사적인 이유들에 의해서 문의 위계는 원핵생물 코드에 의해서 다뤄지는 분류적 위계에 포함되지 않았었다. 코드에 분을 포함하자는 제안이 ICSP에 의해서 토의 되어지기를 기다리고 있다(Oren & Garrity 2018). 그 제안은 접미사로서 *—aeota*를 첨가하는 것을 포함하고 있었다. 최근, *ε-프로티오박테리아*가 새로운 문으로 제안된 이후(Waite et al. 2017; 6.1 *프로티오박테리아* 참조), 문(phylum) 명명법에 대한 새로운 규칙이 제안되었다 (Whitman et al. 2018). 그 기본 내용은 문 이름은 해당하는 문이 포함하고 있는 강(class)들 중 하나의 이름을 사용하며, 접미사를 "–aeota" 대신에 "–ota"로 사용한다는 것이다 (Whitman et al. 2018). 이러한 규칙에 따라 Waite et al. (2017)에서 제안했던 '*Epsilonbacteraeota*'는 철회되고, 그 하위의 강 이름을 이용한 '*Campylobacterota*'가 문의 이름으로 제안되었다(Waite et al. 2018).

환경에서 얻어진 시퀀스 자료로부터 Hugenholtz et al. (2001)이 5개의 16S rDNA 시퀀스로 구성된 'BD' group 이란 후보 문(division)을 제안하였다. 추가적인 시퀀스들이 토양과 해양 서식지에서 얻어져서 BD 그룹은 확장하고 있었지만, 그 그룹에서 배양된 박테리아는 아직 없었다. 폐수처리를 위한 강화된 생물학적 인 제거 조건에서 가동중인 반응기로부터 진화계통상 신종 박테리아(T-27^T)가 분리되었는데, 16S rDNA 시퀀스의 비교 분석 결과, 이 균주는 문 수준의 계열인 후보 문 BD에 속하는 것으로 분석되었다. 그리고 4개의 아문들(subdivisions)이 있는 것으로 나타났다. 균주 T-27^T는 *Gemmatimonas aurantiaca* gen. nov.로 명명되었고, 새로운 문(*Gemmatimonadetes*)에 속하는 종으로 보고되었다(Zhang et al. 2003). 보고 시에 사용된 생리 및 화학분류학 테스트 항목들은 일반적으로 신종을 보고할 때 사용된 범위였다. 조사된 결과를 보면, 생리적으로 두드러지지는 않았으나, 몇 가지 특이성이 나타났다: 우점적인 지방산의 조성이 이례적이었다. Iso-$C_{15:0}$ (통상 그램-양성 박테리아에 특징적으로 알려짐)이 45%를, 그리고 $C_{16:1}$ (그램-음성이며 종속영양성에서 더 종종 발견됨)이 27%를 차지하였다. 세포벽 펩티도글리칸에 DAP (diaminopimelic acid)가 없었다는 점은 그램-음성 박테리아로서는 이례적이며, MK-9을 주요 호흡 키논으로 사용하여 호기성으로 성장한다는 점도 이례적이었다.

새로운 *Synergistetes* 문의 제안은 16S rRNA 유전자의 진화계통 분석 결과 이루어졌다. Surkov et al. (2001)에 의하여 *Aminobacterium*, *Aminomonas*, *Anaerobaculum*, *Dethiosulfovibrio*, *Thermanaerovibrio*와 *Synergistes jonesii*가 하나의 단원적 클러스터를 형성한다는 것이 최초로 보고되었다. 그리고 후에 *Jonquetella* 속이 이 클러스터에 포함됨이 보고되었다(Jumas-Bilak et al. 2007). 그 후, '*Deferribacteres*' 문, *Firmicutes* 문의 *Syntrophomonadaceae* 과와 *Synergistes* 단계통에 속하는 시퀀스들의 진화계통적 관계가 분석·비교되었다(Jumas-Bilak et al. 2009). 그 결과, *Aminiphilus*, *Aminobacterium*, *Aminomonas*, *Anaerobaculum*, *Dethiosulfovibrio*, *Jonquetella*, *Synergistes*, *Thermanaerovibrio*와 *Thermovirga*는 높은 위계 분류군에서 깊은 가지를 이루는 그룹(=*Synergistes* 단계통)을 형성하고 높은 붓스트랩 값(100%)에 의해 지지되는 것으로 나타나(Jumas-Bilak et al. 2009), *Synergistes* 단계통을 '*Synergistetes*' 문으로 명명할 것을 제안하였다. *Synergistes* 단계통은 5 개의 작은 그룹들로 나뉘었다. *Synergistes jonesii*는 종전에는 '*Deferribacteres*' 문으로 분류되어 있었지만, *Deferribacteres* 문으로부터 명확하게 분지되어 나왔다(Jumas-Bilak et al. 2009). 이러한 결과와 상응하는 세포벽 구조가 관찰되었다. *Synergistes* 단계통은 외막(outer membrane)이 있는 전형적인 그램-음성의 세포벽 구조를 갖는 반면에, *Syntrophomonadaceae* 과의 구성원들은 외막이 없는 얇은 펩티도글리칸 층을 갖는 그램-양성 형의 세포벽 구조를 가졌다. *Synergistes* 단계통도 멀리 연관된 다른 문들인 *Firmicutes* 및 '*Deferribacteres*'와 >25% 이상의 16S rRNA 유전자의 유사도 차이를 나타냈다(Jumas-Bilak et al. 2009).

4.8. 이전(Transfer), 부활된 이름(Revived name)

16S rDNA 염기서열의 비교 분석이 널리 수행되면서 기존의 분류체계에 수정이 이뤄지는 경우가 종종 있다. 분류체계에 수정이 생기게 된 기존의 종이 현존하는 속으로 또는 새로 만들어진 속으로 이전되면, 그 속의 이름을 속명으로 사용하고 종명은 예전의 종명을 사용한

다. 그리고 신결합(combination novel, comb. nov.) 이란 수식어가 종명 뒤에 붙게 되어, 이러한 절차로 생겨난 이름인 것을 알 수 있다.

1980년 1월 1일 후에 새로운 이름을 공인 발표하는 저자는 1980년 1월 1일 전에 발표가 되었으나 AL에 포함되지 않은 이름을 부활시킬 수 있다. 새로운 이름이 부활된 이름이고, 원래 저자들에 의해 부여된 바와 같은 위계, 위치와 한정을 갖는 분류군임을 기술하기 위해 사용된다는 것을 제시하기 원하면, 그 이름에 부활된 이름의 약자인 "nom. rev." (*nomen revictum*)를 첨부하면 된다(코드, Parker et al. 2019). 부활된 이름은 새로운 이름으로 취급되며, 공인된 발표를 필요로 한다. 1980년 1월 1일 전에 발표가 되었으나 AL에 포함되지 않은 이름이나 형용어가 저자에 의해 다른 또는 같은 분류군에 제안된다면, 그 이름이나 형용어는 제안하는 저자에게 귀속된다: 예, *Leptothrix discophora* sp. nov., nom. rev.. 만약 부활된 이름의 원저자의 이름을 제시하고 싶으면, 다음의 예와 같이 하면 된다: *Leptothrix discophora* (*ex* Schwers 1912) nom. rev. 그리고 부활된 종은 이름이 부활된 당시에 다른 속으로 이전할 수 있다. 예를 들면, *Actinobacterium meyeri*는 Cato et al. (1984)에 의해 *Actinomyces* 속의 종으로써 즉, *Actinomyces meyeri* (*ex* Prévot 1938) Cato *et al.* 1984 nom. rev., comb. nov.로 부활하였다. 그러한 이름은 다음과 같이 인용될 수 있다: *Actinomyces meyeri* (*ex* Prévot 1938) Cato *et al*. 1984. 아래에서 이전과 부활된 이름과 관련된 사례들을 살펴보자.

Roseobacter 단계통에 속하는 *Ruegeria*와 *Silicibacter* 속에 대한 분류학적 재평가 결과, *Silicibacter* 속에 속하던 박테리아인 *Silicibacter lacuscaerulensis*와 *Silicibacter pomeroyi*가 각각 *Ruegeria lacuscaerulensis* comb. nov.와 *Ruegeria pomeroyi* comb. nov.로써 *Ruegeria* 속으로 이전되었다(Yi et al. 2007). *Ruegeria* 속은 *Agrobacterium atlanticus* (Rüger & Höfle 1992), *Agrobacterium gelatinovum* (Rüger & Höfle 1992), *Roseobacter algicola* (Lafay et al. 1995)를 수용하기 위하여 1998년 Uchino et al.에 의하여 제안되었다. 그 후 *Ruegeria gelatinovorans*와 *Ruegeria algicola*는 다른 속으로(각각, *Thalossobius gelatinovorus*와 *Marinovum algicola*로) 이전되었다. 그 당시에 *Ruegeria atlantica*가 *Ruegeria* 속의 유일한 종이며 타입(type) 종이었다. 한편 *Silicibacter* 속은 *Silicibacter lacuscaerulensis*가 타입 종이며 1997년에 만들어졌고, 2003년 *Silicibacter pomeroyi*가 추가 되었었다. 여러 연구들은 이미 *Ruegeria* 속과 *Silicibacter* 속이 밀접한 진화계통적 관계를 나타내고, 두 속의 구성원들은 항상 단원적 단계통을 형성하는 것으로 보고하고 있었다. Yi et al. (2007)은 두 속의 구성원들이 98%의 붓스트랩 값을 가지며 단원적 단계통을 형성함과, 구성원들 간의 16S rDNA 시퀀

스 유사도는 96.9-98.2%로 나타나 같은 속에 있는 종들에 전형적인 값의 범위를 가짐을 제시하였다. 앞에서 언급한 바와 같이 *Silicibacter*는 1997년에 유효 발표되었고 *Ruegeria*는 1998년에 발표되었다. 그러나 *Ruegeria* 명은 Validation List No. 68에 발표 확증이(1999년) 되었으나, *Silicibacter* 명은 Validation List No. 71에 발표 확증이(1999년)되어, *Ruegeria* 이름이 명명상의 우선권을 가지게 된 것이다. *Ruegeria* 속으로써의 공통적인 특성과 종들간의 차별적 특성들이 있음을 확증하였음은 물론이다.

Rhodospirillum 속은 1998년 재분류 당시까지 *Rhodospirillum rubrum*을 타입 종으로 하여 8종으로 구성되어 있었다. 16S rDNA 염기서열 자료는 *Rhodospirillum* 속에 속한 종들이 진화계통적으로 아주 멀고(distant), 같은 속에 분류될 수 없는 것을 나타냈다. Imhoff et al. (1998)은 *Rhodospirillum mediosalinum*, *Rhodospirillum photometricum*의 16S rDNA 염기서열을 분석하여 *Rhodospirillum* 속에 속한 종들을 비교 분석한 결과 91% 이하의 시퀀스 유사도를 보여, 5개의 그룹으로 나뉘는 *Rhodospirillum* 속에 속한 종들을 5개의 속으로 재분류하기로 제안하게 된다. 기존의 *Rhodospirillum* 속에는 *Rhodospirillum rubrum*이 타입 종으로 계속 남고, *R. photometricum*이 속하게 되었다. 그리고 *Pheospirillum* gen. nov.을 만들고 여기로 *Rhodospirillum fulvum*을 *Pheospirillum fulvum* comb. nov. 로써, *Rhodospirillum molischianum*을 *Pheospirillum molischianum* comb. nov. 로써 이전시킨다. 이 결과, *R. fulvum*과 *R. molischianum*은 舊 種名(basonym)이 된다. 이와 유사하게 *Rhodovibrio* gen. nov.을 만들고 *Rhodovibrio salinarum* comb. nov., *Rhodovibrio sodomensis* comb. nov. 로써 이전시킨다. 그리고 *Rhodothalassium* gen. nov.을 만들고 *Rhodothalassium salexigens* comb. nov.로써, *Roseospira* gen. nov.을 만들고 *Roseospira mediosalina* comb. nov. 로써 이전시킨다. 키논과 지방산 조성이 각 속에 독특하게 구별되어 이러한 분류를 지지하였다(Imhoff et al. 1998). 그리고 이들 박테리아에서는 성장에서 염분의 요구가 속에 특이한 특성으로 간주되었다.

1940년 White는 약간 소금에 절인 버터를 변색시키는 박테리아를 기술하고, "*Pseudomonas nigrifaciens*"로 명명하였다. 이 박테리아는 막대 모양이며, 극성 편모를 가지며(polarly flagellated), 4℃에서 자라고, NaCl을 요구하며, 갈색 또는 검은 색소(pigment)를 생성하였다. 그 후, Norton & Jones (1968)는 색소를 가진 해양 박테리아 균주를 분리하였고, "*Pseudomonas nigrifaciens*"로 동정하였다. Baumann et al. (1984)는 유사한 색소를 가진 해양 박테리아 균주를 분리한 후, "*Pseudomonas nigrifaciens*"의 타입 균주(217^{T}[10]=ATCC 19375^{T})

---

10) T는 type(타입)을 나타냄.

와 함께 DNA의 G+C 함량과 표현형 특성들을 분석한 결과, "*P. nigrifaciens*"는 1972년 제안된 속인 *Alteromonas*의 구성원인 것으로 나타났다. "*P. nigrifaciens*"는 Approved Lists of Bacterial Names에 포함되어 있지 않아서, 균주 217^T (= ATCC 19375^T)를 타입 균주로하는 *Alteromonas nigrifaciens* sp. nov., nom. rev.로 부활되었다. 물론 표현형 기술도 제공되었다.

별 모양의 *Agrobacterium* 같은 박테리아들에 대하여 *Agrobacterium ferrugineum* 종이 Ahrens에 의해 처음 기술되었다. 그 후에 이들 박테리아를 *Agrobacterium ferrugineum*으로 분류함을 취소하여, 'Approved Lists'에 종명이 포함되지 않게 되었다. 그러나 Rüger & Höfle (1992)는 해양성이며, 별 모양의 덩어리(aggregate)를 형성하는 박테리아를 기술하면서 종 이름을 부활(*Agrobacterium ferrugineum* sp. nov., nom. rev.)시켰다. 한편 *Agrobacterium ferrugineum* 종의 타입 균주(=Ahrens $A7^T$ =ATCC 25652^T)는 새로운 속 *Pseudorhodobacter* (*Rhodobacterales*)로 재분류되었다(Uchino et al. 2002). 참고로, 처음에 *Agrobacterium ferrugineum* 종에 속해 있었던 한 균주(균주 LMG 128)의 16S rDNA 염기서열을 분석한 결과(Peix et al. 2005), *Agrobacterium*에 또는 *Pseudorhodobacter*에 속하지 않고 새로운 *Rhizobiales*에 속하는 것으로 나타나 새로운 속에 속하는 종명(*Hoeflea marina* gen. nov., sp. nov.)이 주어지게 된다. 물론 표현형 자료도 가까운 속들과 구별되는 특징을 나타내었다.

4.9. 재분류(Reclassification)

전에 분류/제안되었고 확증까지 되었던 종이 나중에 다른 분류군(예, 다른 속 또는 다른 종)에 속하는 종과 동일한 종으로 추정되어 재분류를 하는 작업이다. 16S rDNA 시퀀스 비교를 통해 재분류가 요구되는 두 종의 타입 균주를 확보하고, 화학분류학, 생리, 생화학적 특성 비교, DDH를 수행함으로써 두 종이 같은 종임을 확인하고 이를 보고한다. 한 예로써 Kämpfer et al. (2008)은 *Pseudomonas mephitica* Claydon and Hammer 1939가 *Janthinobacterium lividum* (Eisenberg 1891) De Ley et al. 1978의 '나중에 발표된 이형 이명'('later heterotypic synonym')[11)]임을 보고하였다. 16S rDNA 시퀀스를 비교한 결과 두 종

11) heterotypic synonym (이형 이명): 다른 타입(type)에 근거한 다른 종들이었으나, 동일종으로 판정된 종명들. 'later heterotypic synonym'은 이형 이명 중에서 명명법상 우선권(priority)이 낮은 종명이다.
참고로, homotypic synonym (동형 이명)은 동일한 타입에 대해 부여된 종명들을 말한다. *Pseudomonas mallei* (Zopf 1885) Redfearn et al. 1966 (Approved Lists 1980)과 *Burkholderia mallei* (Zopf 1885) Yabuuchi et al. 1993은 같은 타입에 기반하였다(ICNP 2008 개정판).

은 진화계통상 밀접하게 서로 그룹을 형성함이 나타났고(시퀀스 유사도는 99.8%), 지방산 패턴, 극성 지질 프로필, 폴리아민 패턴, 키논의 특성은 이러한 구분을 지지하였다. 기질 이용 프로필, 생화학적 특성들은 두 종간에 차이가 없었다.

Lang et al. (2008)은 *Myxococcus flavescens* Yamanaka et al. 1990^{VP}[12]가 *Myxococcus virescens* Thaxter 1892^{AL}과 같은 종임을 보고한다. *Myxococcus flavescens*는 1987년 Yamanaka et al.에 의해 발표되었고, Validation List 33에서 1990년에 확증을 받았다. 발표 논문에서도 두 종은 높은 표현형적 유사성을 보였고, 단지 확산성 색소들(diffusible pigments)의 색깔에서 차이가 있었다. 두 종은 16S rDNA 시퀀스 유사도가 100% 이었고, *Myxococcus xanthus*와는 99.9%의 유사도를 보였다. *Myxococcus virescens*와 *M. flavescens*의 DDH 값은 평균 82.3%로 나타나, 같은 종으로 판정되었다. *Myxococcus flavescens*와 *M. xanthus*는 DDH 값이 평균 69.1%로 나타났다. 우선권 규칙에 따라, *M. virescens*가 견지되었다.

최근 ANI 분석과 유전체 간 거리(GGD) 분석에 기반하여 *Fusobacterium nucleatum* subspecies *animalis*, *nucleatum*, *polymorphum*과 *vincentii*를 각각의 종으로 재분류함이 제안되었다(Kook et al. 2017). *Fusobacterium nucleatum* 아종들의 타입 균주들 사이의 ANI 값은 <93.1% 이었고, GGD 값은 <46%로 나타나서, 이들 *F. nucleatum* 아종들은 종으로 재분류되었다(Kook et al. 2017): *Fusobacterium nucleatum* subsp. *nucleatum* Knorr 1922, *Fusobacterium nucleatum* subsp. *polymorphum* (*ex* Knorr 1922) Dzink et al. 1990, *Fusobacterium nucleatum* subsp. *vincentii* Dzink et al. 1990 및 *Fusobacterium nucleatum* subsp. *animalis* Gharbia & Shah 1992는 각각 *Fusobacterium nucleatum* (타입 균주 ATCC 25586^{T}), *Fusobacterium polymorphum* (타입 균주 ATCC 10953^{T}), *Fusobacterium vincentii* (타입 균주 ATCC 49256^{T}) 및 *Fusobacterium animalis* (타입 균주 ATCC 51191^{T})로 재분류되었다. 그러나 이들 4 종들의 생화학적 특징들은 서로 매우 유사하였다.

4.10. *Candidatus* 보고하기

여러 자연 환경에서 원핵생물의 16S rDNA 시퀀스들이 얻어지면서, 아직 배양되지 않은 원핵생물들에 대한 정보가 급속히 증가하여 원핵생물의 다양성에 대한 지식이 급속히 증가

12) 1990^{VP}와 1892^{AL}의 VP와 AL은 각각 'Validation of the Publication'과 'Approved List'를 나타낸다.

하고 있다. 새로운 시퀀스들이 발견되면, 이에 대한 특이 탐침(probe)을 만들어 특정 원핵생물의 분포와 개체수, 형태 등에 대해 조사할 수 있다. 그래서 시퀀스에 근거할 때 속 수준에서 새로운 분류군일 가능성이 있는 경우, 적절한 기록을 주기 위해 제안된 것이 "*Candidatus*"이었다(Murray & Schleifer 1994). 문헌에서 여러 위계(rank)의 많은 *Candidatus* 분류군이 토의되고 있다(http://www.bacterio.net/index.html 참조). *Candidatus*는 위계(rank)가 아니고 지위(status)임을 유념해야 한다. *Candidatus*로 지정하기 위해선 시퀀스(16S rDNA 시퀀스 길이는 적어도 1,000 bp 이상) 정보와 특이 탐침으로 형태(morphotype)를 판정한 정보가 반드시 있어야 한다. 나중에 충분한 기술이 이루어지면, 공인된 발표가 되고 *Candidatus*는 삭제되게 된다. Murray & Schleifer (1994)는 불완전하게 기술된 원핵생물을 위한 잠정적인 지위인 *Candidatus*의 이행을 알리는 논문을 발표하였다. Murray & Schleifer가 *Candidatus* 제안을 발표한 그 해 7월에 ICSB는 그러한 범주가 유용하며 시의적절함에 동의한다. 우리는 ICNB가 순수 배양체로써 실험실에서 유지될 수 없는 개체들에도－고정된 표본(preserved specimen), 기술 또는 그림이 타입(type)으로 제공된다면－분류군의 작명을 허락했었음을 기억해야 한다. 이러한 예들은 *Planctomyces bekefii*, *Pasteuris penetrans*, *Buchnera*와 *Holospora* 종 들이 있다. *Candidatus*가 적용될 대상들은 주로 진핵생물 세포의 공생자 또는 기생자들일 것이다(Murray & Stackebrandt 1995).

결국 *Candidatus*는 속 또는 상위로 추정되는 분류군을 인식하는 기반을 제공하고 그러한 분류군의 발견을 기록하기 위한 것이다. 한 예를 들면, 2005년 찬물에서 살며 화학무기자가영양(chemolithoautrophy; 암모니아 산화)을 갖는 *Crenarchaeota*에 속하는 아키아가 ('*Nitrosopumilus maritimus*' gen. et sp. nov.) 해양에서 최초로 분리 배양되었다(Könneke et al. 2005). *Nitrosopumilales* order nov., *Nitrosopumilaceae* fam. nov.으로서 후보 지위(candidate status)가 제안되었다.

*Candidatus*는 또한 주자기성(magnetotactic) 박테리아와 같이 현저한 특징이 있는 미생물들을 기술하는데 사용되었다(Abreu et al. 2007). 그러나 *Candidatus* 이름은 코드에서 지위(standing)를 갖지 않는다. 원핵생물 코드는 현재 *Candidatus* 분류군의 명명을 감독하지 않기에, *Candidatus* 분류군의 이름들은 공인된 것이 아니어서 우선권(priority)이 없다. 즉, 그 *Candidatus* 분류군의 다른 대표종(representative)이 분리되어 공식적으로 기술되는 경우, 그 *Candidatus*의 이름이 반드시 유지되어야 하는 것은 아님을 뜻한다. *Candidatus*의 개념은 코드의 부록 11조에서 *Candidatus* 분류군의 기술에 대한 지침들과 표준들을 포함하여 설명되어 있다. 따라서 *Candidatus* 이름은 코드에 따라서 작명되는 것이 바람직하다. 부록 11조 7항은 *Candidatus* 원핵생물의 순수 배양체가 나중에 분리가 되어 충분히 기술되면, 코드의 규

칙에 따라 분류되고 명명되어야 한다고 말하고 있다. 기존에 배양되지 않았던 분류군에 배양체(culture)가 존재하게 되면, 명명 시스템은 '*Candidatus*'를 삭제하는 것을 요구한다. 기존의 연구에서 알려진 '*Candidatus* Salinibacter'의 계통형(phylotype)과 16S rRNA 시퀀스가 거의 동일한 극한적 호염성(extremely halophilic) 박테리아가 분리되어, *Salinibacter* 신속과 타입종 *Salinibacter ruber*가 공식적으로 기술되었다(Antón et al. 2002).

최근 *Candidatus* 분류군의 기술에 있어서 메타게놈으로부터 단일 개체군 게놈들의 비닝(binning)과 단세포로부터 게놈의 부분을 증폭하는 기법이 우세하다. 전형적으로 'binned genomes'은 하나의 개체군의 다른 유전자형들의 모자이크를 구성한다. 따라서 하나의 유일한 게놈을 얻을 수 없는 단점이 있다. 메타게놈 자료의 비닝과 단세포 유전체학(single-cell genomics)에 기반한 배양되지 않은 분류군의 분류는 배양된 원핵생물에 대해 확립된 분류만큼 안정되고 신뢰할 만하다고 생각되고 있다. 메타유전체학을 적용하여 알려지지 않은 chlorophototroph를 발견하고 *Candidatus*로 보고한 최근의 한 연구를 소개한다. Chlorophototroph란 박테리오클로로필/클로로필을 합성하는 광영양자를 말하며, chlorophototroph를 갖고 있는 5개의 문은 *Cyanobacteria*, *Chlorobi*, *Proteobacteria*, *Chloroflexi*, 그리고 *Firmicutes*이다. Bryant et al. (2007)은 옐로우스톤 국립 공원 온천의 광영양 미생물 매트(phototrophic microbial mats)에서 얻은 메타게놈 자료로부터, 박테리오클로로필을 합성하는 독특한 광영양 박테리아의 존재(즉, acidobacteria)를 확인하게 되고, 이 박테리아가 호열성 *Synechococcus* 종들의 배양체에 존재하는 것을 확인 후, photosystem II의 억제제인 atrazine과 선택 배지를 이용하여서 *Synechococcus* sp. 균주를 제거하였다. 그 결과, 배양에는 acidobacterium과 *Anoxybacillus* sp. 만이 남게 되었다. 생화학적 방법을 이용하여 광종속영양적으로 자라고, chlorosomes를 가지며, 1형 반응 센터(type 1 reaction center)를 갖는 것을 확인하였다. 그리하여 *Acidobacteria* 문의 박테리오클로로필을 합성하는 *Candidatus* Chloracidobacterium thermophilum으로 제안하였다.

끝으로, 배양되지 않은 미생물들에 대한 표준화된 분류군 기술을 용이하게 하고자 하는 표준들(standards)이 최근에 제안되어(Konstantinidis et al. 2017) 간략히 소개한다: 게놈 시퀀스들을 공공의 기탁장소(repositories)에 타입 재료로써 올려서, 이들 미생물들을 분류하는 과정을 용이하게 한다. 단원(monophyly)은 16S rRNA 진화계통수에 의해서, 그리고 유전적 분리(discreteness)는 유전체의 쌍 비교(예, ANI/AAI)를 통해서 추정한다. 안정된 ANI 값을 구하기 위해서 완전한 게놈 시퀀스를 가져야 하는 것은 아니다. 두 개의 초안 게놈들이 각각 약 20%의 게놈 커버리지(coverage)를 가지면 안정된 ANI 값을 준다(Rosselló-Móra & Amann 2015).

표현형은 생물정보학에 기반한 자동화된 주석(automated annotation)에 의한 표준화된 예측에 의해서(적어도 게놈에 있는 유전자의 1/3이 'hypothetical' 기능이 아닌 신뢰성 있게 기능들이 예측되어야), 그리고 NanoSIMS (nanoscale secondary ion mass spectrometry), MAR-FISH (microautoradiography and fluorescence *in situ* hybridization), meta-transcriptomics/proteomics 등과 같은 방법들을 이용하여 예측된 기능을 실험적으로 입증한다. 그리고 추가적으로 높이 추천되는 자료 타입들을 제시하였다. 최소 표준들로는 1) 완전 또는 거의 완전한 게놈 시퀀스 (>80% 완전도; <5% 키메라 시퀀스)가 가장 가까운 분류군들에 대해 유전체 분리(genomic discreteness)와 대사 특징의 예측을 분석하는데 요구된다. 그리고 2) 생태적 자료(발견된 곳, 서식지에서의 개체 밀도, 시공간 상에 따른 변화의 정도, 수온, 염분, pH 등). 추가 자료로는 1) 16S rRNA 시퀀스 자료, 2) 대사 기능 예측을 입증하는 실험적 자료, 3) 원핵생물의 사진(현미경 사진, FISH 사진(그림 3), 또는 투과전자현미경[transmission electron microscope, TEM] 사진). 주의할 점은 플라스미드에 인코딩된 형질들 또는 균주에 특이적인 형질은 새로운 분류군에 대한 진단적 특징으로서 고려되어서는 안 된다.

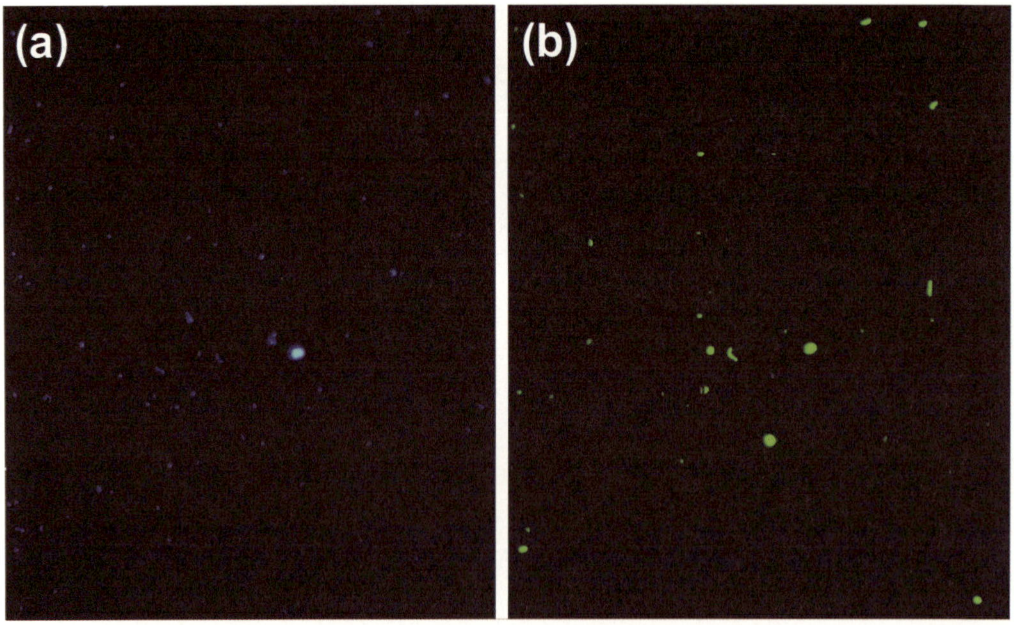

그림 3. 2006년 7월 동해 시료(수심 50 m; 32.25° N, 129.49° E)에 대한 (a) DAPI 염색(원핵생물)과 (b) CARD-FISH[13](박테리아; Eub338 probe) 결과의 에피형광현미경 사진.

13) CARD-FISH는 FISH보다 더 발전된 기법으로서 탐침(probe)에 의해 검출되는 박테리아의 형광 세기를 강화시킨다(Pernthaler er al. 2002). 특정 분류군에 특이적인 탐침을 사용하여, 특정 분류군에 대한 생태적 자료를 얻을 수 있게 된다.

이러한 Konstantinidis et al. (2017)의 제안 방식은 가까운 미래에 기존의 시스템(배양된 원핵생물을 다루는)과 합류할 것을 목적으로 하였다. 합류의 조건은 기존의 명명 코드에 다음과 같은 변화의 시행에 달린 것으로 주장하였다: 1) ICNP에 의해서 배양되지 않은 분류군들의 이름의 우선권이 인정되고, 2) DNA 게놈 시퀀스가 배양되지 않은 분류군들에 대한 타입 재료로서 받아들여짐.

그러나 Konstantinidis et al. (2017)과 유사한 제안들은 지난 이십 년간 있었다고 Oren & Garrity (2018)은 언급하면서 다른 견해를 제시하였다: 새로 보고되는 분류군(novel taxa)에 대해서 게놈 시퀀스를 타입 재료로 사용하자는 제안이 최근 ICSP에 있었다(Whitman 2015). 그리고 새로운 원핵생물들의 이름들의 공인을 위해서 사용될 수 있는 타입 재료의 종류를 확대하자는 Whitman (2016)의 제안은, 게놈에 대한 정보와 기타 다른 정보에 기반하여 배양되지 않은 *Candidatus* 분류군의 이름이 공인되게 하여, 하나의 시스템에서 배양되지 않은 원핵생물과 배양된 원핵생물의 명명을 통합하는 길을 준비한다. 그러한 제안은 복잡하여서 15개의 규칙들(Rules)을 수정해야 하고, ICSP 법령에 따라 사법위원회(Judicial Commission)에 의해 먼저 토의되고, 나중에 ICSP 본 회의에서 토의되어야 한다. 코드의 규정하에 배양되지 않은 원핵생물들의 명명을 도입하려는 제안은 현재 미결인 상태이다(Oren 2017). Whitman (2016)의 제안이 수용되어 원핵생물 코드의 부분이 될지는 현재로선 예측할 수 없다(Oren & Garrity 2018). 하나의 잘 확립된 체계인 ICSP와 원핵생물 코드 안에 있는 것이 가능하다면, Konstantinidis et al. (2017)의 제안처럼 배양되지 않은 원핵생물 분류 시스템을 먼저 나누고 나중에 통합하는 것은 바람직하지 않을 것이다. Whitman (2016)의 제안이 속히 수용되어, 배양체의 타입 재료가 가용하지 않은 *Candidatus* 분류군들의 이름들이 공인받게 되는 것이 필요하다고 본다. 그렇게 되면 원핵생물들의 명명에 안정성이 확보되게 될 것이다.

제5장 흔히 사용되는 분석 기법들

조병철 | 황청연 | 최동한 | 장광일

앞에서 강조한 바와 같이, 신종을 기술하기 위해서는 가능한 많은 대표성 균주(representatives)를 갖는 것이 좋다. 그러나 단 하나의 균주만 있는 경우가 많다. 이러한 경우, 신종은 속내의 가장 가까운 종들과 표현형 면에서 명확하게 구분되는 것이 필요하다.

표현형을 조사하는 목적은 원핵생물의 주요 특징들을 기술하고자 함이다. 그 조사 항목으로는 형태, 염색(staining), 항원적 특성, 세포벽과 외막의 화학적 조성과 미세구조, 대사잠재성, 병인(pathogenesis) 및 서식지 등이다.

일반적으로, 비교 대상으로써 가장 관련있는 분류군들의 타입 균주들을 포함하여 가능한 많은 표현형 분석을 할 것을 추천한다. 생화학적·생리적 테스트는 동일한 또는 적어도 유사한 조건과 배지(media)에서 수행되어야 한다. 이러한 분석에서 다른 방법들이 사용된 경우에는, 다른 방법들이 유사한 결과를 준다는 증거를 제시하여야 한다. 새로운 방법이 사용되는 경우, 새로운 방법이 기존의 확립된 방법들과 유사한 결과를 준다는 증거를 제공해야 한다 (Tindall et al. 2010).

표현형 분석에서는 표준적인 방법들을 사용한다. 예를 들면, 남들이 사용하기 어려운, 독특하게 사적(私的)으로 개발된 약품들을 사용한다거나, 사용된 방법들 간에 상이한 결과를 주는 방법은 피한다. 그러나 균주가 느리게 자라서 표준 테스트 방법(예, API 50 CH 테스트 [bioMérieux])을 사용할 수 없는 경우, 기질 이용측정에 비표준 테스트 방법이 사용될 수 있다. 균주가 느리게 자라는 경우, 평판(plates)에서 세포벽 구조, 키논, 극성 지질 및 지방산 분석을 위한 충분한 생물량(biomass)를 손쉽게 얻을 수 없다. 이러한 경우에는 액체 배양(liquid culture)을 원심분리하여 시료를 준비할 수 있다. Hahn et al. (2014)은 균주 MWH-Ta8이 느리게 자라므로 이러한 방식을 이용하였다.

신종 균주에 대한 분류학적 연구는 균주의 최적 성장 조건에서 실시하여야 한다. IJSEM 저널은 가까운 분류군(종)들 간의 비교를 제시하는 표에 실을 결과들은 저자들의 실험실에서 동일한 조건하에서 실험하여 얻은 결과를 제시하는 것을 원칙으로 한다(Tindall et al. 2010). 즉, 문헌에 나타난 자료들을 표에 제시하는 것은 수용되지 않는다.

아래에 신종의 특징 규명 연구에서 흔히 이용하는 분석 기법들을 간단히 표로 정리하였다(표 2).

표 2. 신종 보고 시에 자주 사용되는 분석 기법들

구분	항 목	대표 방법	참고 문헌
계통 분석	키메라 서열 점검	DECIPHER 홈페이지의 Find Chimeras http://www2.decipher.codes/FindChimeras.html	Wright et al. (2012)
	16S rRNA 유전자 서열 유사도	EzBioCloud 홈페이지의 Identify https://www.ezbiocloud.net/identify	Yoon et al. (2017)
	16S rRNA 유전자 서열 정렬	RDP 홈페이지의 Aligner https://rdp.cme.msu.edu/	Cole et al. (2009)
	마아커 유전자 서열 정렬	EMBL-EBI 홈페이지의 Clustal Omega https://www.ebi.ac.uk/Tools/msa/clustalo/	Sievers et al. (2011)
	계통수 작성*	MEGA7 프로그램 https://www.megasoftware.net	Kumar et al. (2016)
유전체 분석	원시 자료(Illumina) 서열 트리밍	Trimmomatic 프로그램 http://www.usadellab.org/cms/?page=trimmomatic	Bolger et al. (2014)
	서열 어셈블리	SPAdes 프로그램 http://cab.spbu.ru/software/spades/	Bankevich et al. (2012)
	유전체 크기	SeqKit 프로그램 https://bioinf.shenwei.me/seqkit/	Wei et al. (2016)
	G+C 비율	SeqKit 프로그램 https://bioinf.shenwei.me/seqkit/	Wei et al. (2016)
	Coverage 계산	BBMap 프로그램 https://sourceforge.net/projects/bbmap/	Bushnell (2014)
	N50 계산	QUAST 프로그램 http://bioinf.spbau.ru/quast	Gurevich et al. (2013)
	유전체 오염 점검 (16S rRNA 유전자)	EzBioCloud 홈페이지의 ContEst16S https://www.ezbiocloud.net/tools/contest16s	Lee et al. (2017)
	유전체 오염 점검 (단백질 코딩 유전자)	CheckM 프로그램 https://github.com/Ecogenomics/CheckM/wiki	Parks et al. (2014)
	16S rRNA 유전자 탐색	RNAmmer 프로그램 http://www.cbs.dtu.dk/services/RNAmmer/	Lagesen et al. (2007)
	마아커 유전자 탐색	RAST 홈페이지 http://rast.nmpdr.org	Overbeek et al. (2014)

	ANI 계산*	Kostas lab 홈페이지의 ANI calculator http://enve-omics.ce.gatech.edu/ani/ OrthoANI 프로그램 https://www.ezbiocloud.net/tools/orthoani	Goris et al. (2007) Lee et al. (2015)
	In silico DDH 계산*	GGDC 홈페이지 http://ggdc.dsmz.de/distcalc2.php	Meier-Kolthoff et al. (2013b)
	DDH 실험*	DIG 표지된 탐침(probe)를 이용한 dot-blot 혼성화 방법	Choi et al. (2006)
	Phylogenomic tree	AMPHORA2 프로그램 https://github.com/martinwu/AMPHORA2	Wu & Scott (2012)
표현형 분석	그램 염색*	Crystal violet 염색법	Beveridge et al. (2007)
	혐기성 성장	무산소 배양 조건에서의 성장 여부	Tindall et al. (2007)
	Catalase*	과산화수소 첨가에 따른 산소 기포 발생 여부	Tindall et al. (2007)
	Oxidase*	TMPD 첨가에 따른 indophenol blue 생성 여부	Tindall et al. (2007)
	PHB 검출*	Nile Blue A 염색법	Tindall et al. (2007)
	Spore 검출*	Malachite Green 염색법	Beveridge et al. (2007)
	녹말 분해 효소*	녹말과 요오드의 발색 반응 여부	Tindall et al. (2007)
	젤라틴 분해 효소*	젤라틴과 $HgCl_2$의 침전 반응 여부	Tindall et al. (2007)
	DNA 분해 효소*	DNA와 염산의 침전 반응 여부	Tindall et al. (2007)
	Tween 40,60,80 분해 효소*	Tween 분해에 따른 침전물 생성 여부	Hansen & Sørheim (1991)
	질산염 환원 효소*	생성된 아질산염과 반응 시약의 발색 여부	Hansen & Sørheim (1991)
화학 분류학 분석	지방산	지방산 메틸 에스테르의 가스 크로마토그래피 분석	Sasser (1990)
	극성 지질*	2-D thin-layer 크로마토그래피 분리 및 검출 시약 반응	Minnikin et al. (1984)
	G+C 비율*	Deoxyribonucleosides의 HPLC 분석	Mesbah et al. (1989)
	키논*	1-D thin-layer 크로마토그래피 분리 및 HPLC 확인법	Collins (1985)

* 상세한 프로토콜은 저자(조병철 교수 bccho@snu.ac.kr; 최동한 박사 dhchoi@kiost.ac.kr; 황청연 박사 cyhwang@kopri.re.kr)에게 요청시 e-mail로 제공됨.

5.1. 16S rDNA 시퀀스 유사도: PCR과 키메라(chimera) 체크

16S rDNA 시퀀스를 PCR 방법으로 증폭하는 과정 동안에 키메라 시퀀스(chimeric sequence)가 형성되는 문제가 잠복되어 있다. 키메라의 형성은 이르게 종료된 앰플리콘(prematurely terminated amplicon)이 다른 DNA 가닥과 다시 서냉복원(徐冷復元 reanneal)하고, 다음 PCR 주기(cycle)에서 완결되어 복사(copy)되면 생기는 것으로 생각된다. 그 결과 하나의 시퀀스에 두 개 또는 그 이상의 진화계통적으로 다른 시퀀스들이 있게 된다. 따라서 다른 16S rDNA 시퀀스들과 비교 분석하면, 신종의 존재를 시사하게 되는 것이다. 실제로, 다양한 기원의 16S rDNA 키메라 시퀀스들이 '부분적인 계통수(partial treeing) 분석'에 의하여 데이터베이스 상에서 발견되고 있다(Hugenholz & Huber 2003). 'partial treeing' 분석이란 16S rDNA 시퀀스들의 데이터세트(dataset)에서 5' 방향 및 3' 방향의 절반씩을 각각 사용하여 진화적 거리 수(evolutionary distance tree)를 만들고 그 결과를 비교하여, 어느 시퀀스가 계통수 상에 서로 다른 위치에 있게 되는가를 점검하는 것을 말하며, 서로 다른 위치에 있는 시퀀스가 키메라로 추정되게 된다. Hugenholz & Huber (2003)은 문 간(inter-phylum) 키메라가 있음을 보고하였는데, 이들의 존재는 진화계통 추론(phylogenetic inference)에서 특히 문제가 된다.

16S rDNA 키메라 시퀀스들을 조사하는 목적으로 이용된 초기의 프로그램은 'CHIMERA_CHECK'이었다. 이 프로그램은 질문(query) 시퀀스의 전체 길이를 이용하여 데이터베이스상의 등록 시퀀스(database entry)들을 조사한 결과와 질문 시퀀스를 두 부분으로 나누어 데이터베이스상의 시퀀스들을 조사한 결과가 불일치할 경우, 질문 시퀀스를 키메라 시퀀스로 판정하는 방식이다. 문제는 키메라 시퀀스가 데이터베이스 상에 있게 되면 CHIMERA_CHECK 프로그램으로 검출되지 않는 것이다. 현재 'partial treeing' 분석을 이용하는 'BELLEROPHON' 프로그램 (http://comp-bio.anu.edu.au/bellerophon/bellerophon.pl) 또는 대량의 서열 분석이 가능한 'Find Chimeras' 프로그램(http://www2.decipher.codes/FindChimeras.html)이 온라인상에서 이용 가능하다.

신종 발표시에 신종의 16S rDNA 시퀀스를 공공 데이터베이스(GenBank, EMBL, DDBJ 중 하나를 선택)에 기탁해야 한다. 이때 이차 구조의 특징에 따라 시퀀스의 질(質 quaility)을 체크하는 것이 중요하며, 이를 위해 ARB, RDP, SILVA와 같이 씨앗 정렬(seed alignment)이 전문적으로 유지되는 데이터베이스를 이용한 다중정렬 방법을 활용할 수 있다.

타입 균주의 16S rDNA 시퀀스는 적어도 1400 bp이어야 한다. 타입 균주의 유전체 서열을 얻은 경우에는 어셈블리 결과로부터 완전한 16S rRNA 유전자 서열을 추출하여야 하며, 이 결과 또한 공공 데이터베이스에 기탁할 것을 권고하고 있다.

신종과 신종에 가장 가까운 진화계통상의 이웃으로써 ‘공인 발표된 종’ 들의 타입 종 사이의 16S rDNA 시퀀스 유사도는 EzBioCloud (Yoon et al. 2017)의 동일성(Identify) 탐색을 사용하면 편리하다.

5.2. 계통수 작성

분류학 논문과 미생물 생태학 논문에서 흔히 계통수를 접하게 된다. 정렬된 16S rDNA 시퀀스들에 기반한 진화계통 분석은 원핵생물 종의 진화관계를 연구하려는 것으로, 계통수는 분석대상인 시퀀스들과 그들의 공통 조상 사이에 있었던 진화 역사(evolutionary history)를 재구성(reconstruction)한다. 재구성된 계통수는 참된(true) 계통수와 같지 않을 수 있다.

계통수는 정적(靜的)이 아니며, 새로운 시퀀스 자료들이 또는 개선된 방법들이 가용할 때마다 변할 수 있다. 즉, 진화계통적 체제는 재평가되고, 분류학적 위계는 수정되거나 새롭게 해석될 수 있다(6.2. *Bacteroidetes* 문과 6.3 그램-양성 박테리아 참조). 하나의 예를 들면, 지난 5년간에 걸쳐 *Bacteroidetes* 문에서 보고된 종 수의 증가로 인해 종전의 16S rRNA 유전자 진화계통이 개정되었고, 새로운 상위의 분류군들이 제안되었다(6.2. *Bacteroidetes* 문 참조).

현재 NCBI, RDP 등에 의해서 제공되는 박테리아 분류는 진화 관계가 종종 일치하지 않을 때가 있다. 그리고 진화계통수를 보면, 집중적 연구 대상인 진화계통수의 부분들은 같은 진화계통적 깊이(phylogenetic depth)를 갖는 계통수의 다른 부분들보다 더 많은 분류군으로 나뉘어 있는 경향이 있다(예, *Enterobacteriaceae* 과는 *Bacillus* 속과 동등한 진화계통적 깊이를 갖는다; Parks et al. 2018). 그리고 덜 연구된 그룹들은 종종 함께 묶인다. 한 예로, *Synergistetes* 문은 현재 하나의 과에 의해 기술된다.

계통수를 이해하려면 관련된 용어들에 대한 이해가 필요하다: 단계통(clade), 단원적(monophyletic), 준원적(準元的 paraphyletic) 및 다원적(polyphyletic) 단계통. 단원적 단계통이란 계통수 상에서 하나의 공통 조상으로부터 계통을 이어 받은 분류군들을 말한다(**그림 4a**). 단원적 분류군들만이 분류학적 분류에서 수용될 수 있다.

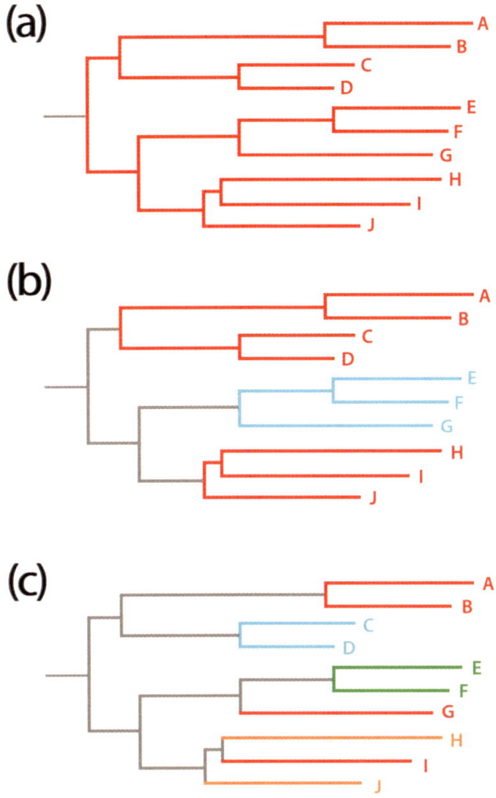

그림 4. 단원적(a), 준원적(b), 다원적(c) 단계통의 예.

준원적 단계통은 하나의 공통된 조상의 모든 후손들을 포함하지 않는다(**그림** 4b). 보다 쉽게 설명하기 위하여, 하나의 단원적 단계통을 가정하자. 그 단계통 안에 있는 가장 작은 단원적 그룹을 제외시킨 나머지가 준원적 단계통을 형성한다. 예를 들면, *Flavobacteriaceae* 과에 속하는 *Flavobacterium* 속은 준원적이다. 왜냐하면 4개의 *Flavobacterium* 종은 항상 *Myroides* 속과 연합하기 때문이다(Munoz et al. 2016). 그리고 *Flexibacter* 속은 *Flavobacteriia* 강에서 *Flavobacterium* 속과 연합하는 *Flexibacter aurantiacus*를 갖는다. *Flexibacter* 속의 나머지는 준원적이다.

계통수 상에서 다원적 단계통을 구성하는 개체들은 가장 최근의 공통 조상(the most recent common ancestor)이 여럿이다(**그림** 4c). 다원적 단계통은 거의 거론되지 않는다. 가끔 분류학적 재배치가 있게 되면 단원적 또는 준원적 그룹이 다원적 단계통이 된다.

다음으로는 계통수 작성에 관련된 이론과 실제 과정들을 이해할 필요가 있다. 이에 대한 상세한 내용은 전문 서적(예, The Phylogenetic Handbook, Lemey et al. 2009)을 참조하기 바란다. 여기선 간단하게 계통수와 계통수 작성에 관련된 기초적 개념, 그리고 신종 논문 작성 시에 흔히 사용하는 알고리즘과 프로그램을 소개하는 것으로 갈음하고자 한다.

계통수 작성 전의 필수적인 단계는 16S rDNA 시퀀스들의 다중정렬(multiple alignment)이다. 흔히 16S rDNA 시퀀스들을 MUSCLE 프로그램에서 UPGMA 클러스터링(clustering) 방법으로 정렬하거나, 근린결합법(Neighbor-joining, NJ)과 최대절약법(Maximum-parsimony, MP)을 사용하려는 경우 CLUSTAL_X (Thompson et al. 1997)로 시퀀스 자료들을 다중정렬하기도 한다. 특히 16S rDNA 시퀀스는 이차 구조를 고려한 다중 정렬이 주로 이용되며, RDP 또는 SILVA 홈페이지에서 해당 서비스가 제공되고 있다. 16S rRNA 유전자 이외의 마아커 유전자에 대한 다중 정렬은 앞서 언급한 MUSCLE, Clustal X 또는 Clustal Omega 프로그램(Sievers et al. 2011)을 이용할 수 있다.

정렬된 시퀀스들의 각 세로칸(column; site 위치)은 공통 조상으로부터 유래된 상동의 잔기(residues; nucleotides)를 포함할 것으로 예상된다. 정렬된 시퀀스들 중 신뢰가 가지 않는 부분은 진화계통 분석 시에 포함시키지 않아야 한다. 대부분의 방법들은 염기 치환(base substitution)만을 고려하고, gaps (삽입과 결손 사건)는 사용하지 않는다.

BOX 8. **염기 치환의 진화 속도**(evolutionary rates): **기무라**(Kimura) **모델**

한 쌍의 시퀀스 사이의 진화적 거리(evolutionary distance)는 통상적으로 두 시퀀스들 사이에서 나타나는 뉴클레오티드 또는 아미노산 치환의 수에 의해 측정된다. 한 쌍의 DNA 시퀀스를 비교하는데 있어서, 치환된 염기(nucleotide)의 수와 관련하여 진화적 거리를 추정하는 방법이 기무라에 의하여 제안되었다(Kimura 1980). 두 종 사이에서 분기 년대(divergence time)를 알면 진화 속도도 추정할 수 있게 된다. DNA 시퀀스 쌍을 비교하게 되면 상동 위치(homologous sites)에서 다른 염기들이 나타나는데, 두 염기가 모두 퓨린(purines)이거나 또는 피리미딘(pyrimidines)인 경우 천이(transition)라 하며, 둘 중 하나는 퓨린이며 다른 하나는 피리미딘인 경우 염기전환(transversion)이라 한다. P와 Q를 각각 천이와 염기전환을 나타내는 염기 위치들(nucleotide sites)의 부분이라 하면, 위치 당 진화적 거리(K)는 $K = -(1/2) \ln[(1-2P-Q)(1-2Q)^{1/2}]$로 계산된다. 년당 진화 속도는 K/(2T)로 구할 수 있으며, T는 두 시퀀스가 분기한 시간이다. 예를 들어, 438개의 비교 가능한 염기 위치들을 가진 유전자 두 개가 58 개의 위치에서 염기전환을, 63개의 위치에서 천이를 나타낸다면, P는 0.144(=63/438), Q는

0.132(=58/438)의 값을 갖게 되고, K는 0.349의 값을 갖게 된다. 만약에 T가 3억년이라면, 위치당 진화 속도 k_{nuc}=K/(2T)=년당 0.58×10^{-9}가 된다(Kimura 1980).

N개의 시퀀스에 대하여 가능한 'rooted tree'의 수(N_R)는 이론적으로
$N_R=(2n-3)!/(2^{n-2}(n-2)!)$ 이다.

4개의 시퀀스에 대해서 가능한 계통수의 수는 15, 5개의 시퀀스에 대해서 가능한 계통수의 수는 105, 10개의 시퀀스에 대해서 가능한 계통수의 수는 34,459,425이다(Lemey et al. 2009)! 이 중 하나가 참된 계통수이다. 10개 이상의 시퀀스가 사용되는 경우, 계산 부하가 매우 많아짐을 알 수 있다.

계통수 작성에서 가장 많이 사용되는 방법으로는 근린결합법, 최대절약법, 그리고 최대가능도 방법이 있다. 이들 중 어느 방법도 참된 계통수를 제공한다고 보장할 수 없다. 이와 같이 다른 방법들로 얻어진 계통수들을 비교할 통계적 방법이 현재로선 없다. 그러나 강한 진화계통의 관계를 갖는 시퀀스들은 다른 방법들을 사용한다고 하여도 같은 계통수가 얻어질 것이 예상된다.

계통수 작성 후에는 추론된 진화계통의 신뢰성을 통계적으로 추정해야 한다. 즉, 계통수 또는 계통수의 한 부분이 어느 정도 신뢰할 만한가? 그리고 이 계통수가 다른 계통수보다 훨씬 나은가? 붓스트랩핑(Bootstrapping)은 하나의 통계적 분석 기법으로서, 무작위적으로 변동을 도입하여서 정렬을 약간 교란시킨 데이터세트를 갖고 계통수들을 반복적으로 작성한다. 참으로 견고한 진화계통 관계는, 데이터세트가 그와 같이 교란된다 하더라도, 그 관계를 지지할 충분한 형질들(characters)을 갖고 있다. 그렇지 않으면 다시 샘플링(resampling)하는 과정에서 도입된 잡음(noise)은 다른 계통수들을 만들기에 충분할 것이고, 이는 원래의 계통수가 약한 진화계통 시그널에서 기인되었음을 나타낸다. 이와 같이 함으로써 원래 계통수의 견고성이 평가된다(Xiong 2006).

붓스트랩 값(bootstrap value)이 90% 이상으로 지지되는 내부 가지들(internal branches)은 통계적으로 유의한 것으로 간주한다. 계통수에서 붓스트랩 값의 표시는 70%에서 100%까지 표시하면 무난하다. 70% 미만의 값들은 표시하지 않아도 된다. 신종이 포함된 단계통의 붓스트랩 값이 높으면 그 진화계통상의 위치가 확실하게 지지된다는 의미를 갖는다.

다음에는, 신종 보고시 계통수를 만들 때 사용되는 여러 방법들을 소개한다. 흔히 근린결합법, 최대절약법, 최대가능도 방법(=알고리즘)들이 사용된다. 최대절약법과 최대가능도 방법은 시퀀스들에 직접적으로 기반한 방법들이며, 근린결합법은 시퀀스들에 간접적으로 기반한 방법이다. 근린결합법은 자료로써 시퀀스 거리 매트릭스(distance matrix)를 사용하고 알고리즘의 전략으로써 클러스터링(clustering) 방법을 사용한다. 최대절약법과 최대가능도 방법은 자료로써 형질 상태(character state)를 사용하고, 알고리즘의 전략으로써 계통수 최적성 기준(optimality criterion)을 사용한다. 시퀀스들을 비교할 때에, 정렬된 시퀀스들에 있는 각각의 시퀀스 위치는 형질(character)이고, 각 위치에 있는 뉴클레오티드 또는 아미노산은 상태(state)이다. 정렬된 시퀀스의 각 세로 칸(column)은 각각 독립적인 진화 과정을 가정한다. 형질 상태를 사용하는 방법들은 분류군들의 원래의 특징 상태를 유지하게 된다. 반면에 거리 매트릭스 방법은 분류군들의 원래의 특징 상태를 포기한다.

진화는 가장 짧은 가능한 루트를 따른다는 가정으로 최대절약법은 시퀀스들의 세트로부터 가장 검약적인(parsimonious) 계통수를 추정하기 위해서 최소의 염기 치환(또는 아미노산 변화) 수를 찾는다. 즉, 가능한 적은 진화적 변화로서 시퀀스 자료를 설명하는 계통수를 찾는 방법이다. 가장 좋은 최대절약법 계통수는 가장 적은 변화를 이용하여 분류군간 관계를 해석할 수 있는 계통수이다. 단점으로는 계통수 작성에 긴 계산 시간이 필요하다. 또한 실질적으로 사용되는 계산 범위 내에서 동등하게 가장 검약적인 다수의 계통수가 나타나 어느 것을 선택하는 것이 옳은가 하는 문제가 발생할 수 있다.

최대가능도 방법은 시퀀스 정렬에 있는 모든 위치(site)의 형질상태 및 공통조상(노드)의 형질상태를 고려하고, 모든 가능한 계통수형태(topology)를 탐색한다. 주어진 특정한 진화 모델에 대해 하나의 계통수가 관찰된 자료(즉, 정렬된 시퀀스들)를 낳는 확률을 고려하기 때문에, 통계적 기준을 사용하는 이점이 있다. 다른 계통수들에 대한 상대적 지지를 통계적 틀 구조에서 비교할 수 있게 한다(Lemey et al. 2009).

근린결합법과 최대가능도 방법에서는 진화적 거리를 계산시 Jukes-Cantor 모델(Jukes & Cantor 1969) 또는 Kimura 2-상태 매개변수 모델(Kimura 1980) 등이 사용된다. 이때 형질 위치들(sites) 간에 속도 변이(rate variation)가 균일한 것으로 가정(uniform rates)하고, gaps와 결여된 자료(missing data)를 처리하기 위한 선택으로서 i) gaps와 결여된 자료가 있는 모든 위치들을 삭제하는 완전-삭제 옵션(complete-deletion option)을 선택하거나, ii) 초기에는 그러한 모든 위치들을 유지하나 쌍으로(pairwise) 거리를 추정함에서 필요하면 배제시키는 옵션(pairwise deletion option)을 선택할 수 있다. 흔히 pairwise deletion 옵션이 이용된다.

근린결합법은 전체 가지 길이를 최소화하는 계통수를 선택하는 최소진화(minimum

evolution) 기준을 채택하고 있으며, 클러스터링 단계마다 가지의 총합이 최소가 될 수 있는 이웃 시퀀스를 선정하고 이를 노드(node)로 묶어 나가는 방식을 이용한다(Lemey et al. 2009).

최대절약법 및 최대가능도 방법에서 최적 계통수를 찾는 방법에는 exhaustive, branch-and-bound 및 heuristic searches가 있다. 다수의 서열들(예, 20개 이상)에 대해 계통수를 그릴 경우, exhaustive 및 branch-and-bound searches는 현실적으로 구현이 불가능하여 일반적으로 heuristic search가 사용된다. Heuristic search의 제약을 보완하기 위한 가지 교환(branch swapping) 방법들로 Nearest-Neighbor-Interchange (NNI), Subtree-Pruning-Regrafting (SPR) 및 Tree-Bisection-Reconnection (TBR)이 있다. 일반적으로, 가장 많은 경우의 수를 고려하는 TBR이 사용되며 MEGA, PAUP 프로그램 등에서 이용 가능하다.

계통수 작성의 실전은 프로토콜을 참조하기 바란다. 계통수 작성에 사용할 프로그램은 아래의 사이트를 참고하기 바란다:

http://evolution.genetics.washington.edu/phylip/software.html

MEGA: http://www.megasoftware.net/

PAML (Phylogenetic Analysis by Maximum Likelihood):

http://abacus.gene.ucl.ac.uk/software/paml.html.

계통수 작성 시 고려할 사항들 중 가장 먼저 생각해야 할 것은 계통수에 '어떤 시퀀스들을 포함할 것인가?' 이다. 얼마나 많은 종을, 그리고 어떤 종을 계통수에 포함시킬지를 결정하여야 한다. 원칙적으로 신종으로 보고하려는 종은 물론이고, 신종이 속해 있는 속에 포함된 모든 종들, 그리고 신종이 속한 속과 가까운 속들에 있는 종들을 모두 포함시켜야 한다. 가능하면 과에 속한 모든 속을 포함하는 것이 좋다. 이렇게 해서 만들어진 계통수가 너무 크면 보충 그림(Supplement Figure)으로 제시하고, 논문의 본문에서는 계통수에 포함되는 종들의 수를 줄여서 작성한다. 가령 가까운 속에 있는 종들의 수가 너무 많다면, 적어도 각 속의 타입 종들은 반드시 포함시키도록 한다. 그 경우, 제안하려는 신종이 포함된 속에서 종들의 분기 패턴은 보충 그림에 제시된 것과 본문에 제시된 것이 같아야 한다. 통상적으로, 논문의 본문에는 NJ 계통수를 제시하고, ML/MP 계통수는 보충 그림에 포함시킨다.

그리고 생화학적/생리적으로 구별되는 특징들을 제시하는 표에서도 속에 속한 모든 종들을 수록하여, 다른 종들과 어떻게 차이가 나는지를 잘 비교할 수 있도록 해야 한다. 속에 속한 종들이 너무 많은 경우에는, 제안하려는 신종과 하나의 단계통을 형성하는 모든 종들과 그 단계통 밖에 있는 대표적인 몇 종을 선택하여 표에 수록한다.

발표하려는 신종이 해당하는 속의 종들과 단원적 단계통을 형성하는 것은 당연하며, 그렇지 않다면 신종으로서의 제안은 곤란하다. 그리고 최대가능도 방법, 최대절약법에 의한 결과는 근린결합법에 의한 결과와 비교 시, 분기 패턴이 일치하여야 한다.

신종 논문을 심사하다 보면, 기존에 보고된 계통수와는 매우 다른 클러스터링 유형을 제시하는 논문들을 접하는 경우가 가끔 있다. 이와 같은 경우가 발생하면 16S rRNA의 이차 구조를 고려하여 정렬을 잘 하였는지, 계통수에 누락시킨 종은 없는지, 그리고 적합한 외부 그룹(out-group)을 사용하였는지, 동일한 알고리즘을 사용하였는지 확인하고, 다시 계통수를 작성할 필요가 있다.

끝으로, 계통수를 그림으로 작성할 때에는 각 가지(branch)에 종의 이름을 표지(labelling)하고, 계통수에 포함된 모든 종들에 대하여 취득 번호(accession numer)를 제공하며, 진화 속도를 막대(bar)로 표시한다.

16S rRNA 유전자 시퀀스의 관계에 기반한 현재의 원핵생물 분류학은 가장 낮은 분류학적 위계(=종)와 가장 높은 분류학적 위계(=문)에서 낮은 진화계통 분해능을 갖는다. 이에 반해, '수직적으로 계승된(vertically inherited) 단백질들의 단일-사본'의 연쇄로부터 추론된 계통수는 더 높은 분해능을 준다. 배양과 무관한 기법들에 의해 메타게놈-조립된 게놈(metagenome-assembled genomes, MAGs)이 다양한 미생물 군집들로부터 많이 얻어지고 있어서, 연쇄된 단백질 시퀀스에 기반한 진화계통은 미생물 다양성을 더 잘 대표할 것으로 보인다. 수평 유전자 전이의 가능성, 다른 진화 속도 및 재조합(recombination)의 주의사항이 있음에도, 연쇄된 단백질 진화계통수가 널리 문헌에서 사용되어 왔다(Parks et al. 2018).

16S rRNA 시퀀스 외의 다른 유전자들을 사용하여 분석한 진화계통수를 16S rRNA 계통수와 비교할 경우 다른 계통수 형태가 관찰될 수 있는데, 이는 수평 유전자 전이가 한 원인일 수도 있다.

5.3. DNA-DNA 혼성화(DNA-DNA hybridization, DDH)

DDH는 원핵생물의 종을 판별(discrimination)하는 데 있어서 핵심적 역할을 한다. 1994년 Stackebrandt & Goebel은 경험적 자료에 근거하여, 두 균주가 같은 종에 속하지 않는다는 것을 확증하기 위해서, 추가적인 DDH 측정의 수행 여부를 결정하는 기준으로 16S rRNA 유전자 시퀀스 유사도 97%를 추천하였다(Stackebrandt & Goebel 1994). 얼마 전까지 신종으로 생각되는 연구 대상 종이 기존에 알려진 다른 종과 16S rRNA 유전자 시퀀스 유사도가 97% 이상인 경우, DDH를 수행하여 신종 여부를 확인하는 것이 관례였다. Meier-Kolthoff et al. (2013a)은 16S rRNA 유전자 시퀀스 유사도와 DDH의 실제 자료를 사용하여 97%라는 기준 값이 낮게 책정된 것이 아닌가를 조사하였다. 그 결과, 16S rRNA 유전자 시퀀스 유사도와 DDH의 값을 구하는데 여러 방법들이 사용되고 있지만, 분류학자들에 의해 적용되는 대부분의 16S rRNA 유전자 시퀀스 유사도 추정 방법들은 적합하였고, 사용된 DDH 방법들의 차이로 인한 영향도 미미한 것으로 나타났다. 이는 현재 많이 사용되고 있는 DDH 방법들이 평균적으로 비교 가능하고 신뢰할 만하다는 것을 시사한다. 그리고 기준이 되는 16S rRNA 유사도의 값이 조사하려는 분류군(taxonomic group)에 따라 종전에 비해 98.2-99.0%로 높아졌다(Meier-Kolthoff et al. 2013a).

종을 판별하는 또 다른 실험적인 방법으로 열 변성 온도(thermal denaturation temperature)를 들 수 있다. 이 방법은 비교의 기준이 되는 균주의 DNA의 융해 온도(melting temperature, T_m)와 hybrid DNA의 T_m 간의 차이인 $\triangle T_m$을 측정하여 가깝게 관련된 균주들의 DNA-DNA 연관도를 추정하는 방법이다. 비교한 두 균주의 $\triangle T_m$ 값이 5℃ 이하이면 같은 박테리아 종으로 정의된다(Wayne et al. 1987). 한 가지 유의할 점은 혼성화에 의해 추정된 DNA-DNA 연관도 값들과 $\triangle T_m$ 값들 간에 좋은 상관 관계가 있지만(Rosselló-Móra & Amann 2001), 직접 $\triangle T_m$을 DNA-DNA 연관도 값으로 전환할 수는 없다는 것이다.

최근 SYBR Green I과 qPCR thermocycler의 융해 곡선(melting curves) 분석 기능을 이용하여 $\triangle T_m$을 측정하고 DNA-DNA 연관도를 추정하는 방법이 보고되었다(Gonzalez & Saiz-Jimenez 2005). 쉽고, 빠르고, 경제적이며, 많은 시료를 대상으로 실험을 수행할 수 있는 장점이 있다.

한편, DDH는 불편하고 오류가 발생하기 쉬운 것으로 인식되었고, 그 자료들은 서로 비교하기 어려운 것으로 생각되었다. 최근 유전체 시퀀스에 기반한 *in silico* 방법에 의해 DDH 실험을 대체하려는 방법들(Auch et al. 2010a, b, Goris et al. 2007, Konstantinidis & Tiedje 2005, Richter & Rosselló-Móra 2009)이 정착되어 가고 있다. 유전체 한 쌍의 유전체-기반 연관도(pairwise genome-based relatedness)의 정도는 ANI 값과 유전체 간 거리 계산 방법에 의해 추정된다. BLAST에 기반한 ANI 계산 방법은 Goris et al. (2007)에 의해 도입되었고, 유전체 간 거리 계산 방법은 Auch et al. (2010a)에 의해 도입되었다. 두 균주 간에 공통된 유전자들에 대한 ANI를 DDH로 대체하는 것이 타당한 것으로 제시되었고, 두 유전체 간 95% 이상의 ANI 값은 70% 이상의 DDH 값에 상응함이 제안되었다(2.2.1 참조). ANI 방법은 신종과 신속을 기술하는데 사용되고 있다(Ritalahti et al. 2012). ANI 분석은 ChunLab (http://www.ezbiocloud.net/tools/ani)과 Kostas lab (http://enveomics.ce.gatech.edu/ani)에서 제공하는 웹-기반한 소프트웨어인 ANI 계산기를 사용하여 수행한다. 두 유전체 간 거리(GGD)의 분석은 DSMZ (Deutsche Sammlung von. Mikroorganismen und Zellkulturen GmbH.)에서 제공하는 GGD 계산기(GGDC, http://ggdc.dsmz.de)를 사용하여 수행한다.

5.4. DNA G+C 함량

박테리아 DNA의 G+C 함량(content) 값은 24-76%의 범위에 있다(Vandamme et al. 1996). DNA G+C 함량 측정은 원핵생물의 분류학석 기술에 있어서 가장 흔히 사용되는 분석 방법 중의 하나이다. 전통적으로 DNA의 G+C 함량 측정은 열 변성(thermal denaturation)과 융해 프로필(melting profiles)과 같은 방법들에 의하여 얻어졌고, 현대적인 방법으로는 HPLC와 실시간(real-time) PCR에 의해 측정되었다. 이제는 유전체 시퀀스로부터 직접적으로 DNA G+C 함량의 계산이 가능해졌다.

DNA G+C 함량 값이 비교하는 균주들 간에 >5% 차이가 있으면 다른 종으로, >10% 차이가 있으면 다른 속으로 분류하였다(Goodfellow et al. 1997). 잘 정의된 종 안에서는 3% 미만이고, 잘 정의된 속 안에서는 10% 미만이다(Stackebrandt & Liesack 1993). 이러한 일반적 결론들은 모든 박테리아 속에 적용되지 않는다. 리케차 속의 모든 종들은 5% 미만의 차이를 나타낸다(Fournier & Raoult 2009).

최근 유전체 시퀀스 자료로부터 DNA G+C 함량을 계산하는 것이 가능해지면서 유전체에 기반한 DNA G+C 함량을 사용하여도 위와 같은 기준의 적용이 타당한가를 검토할 필요가 있었다. 실험적으로 측정된 DNA G+C 함량 값과 유전체에 기반한 값들의 차이는 실험조건이 표준화되어 있고 반복수로 실험을 한 경우에만 1.2-2%로 알려져 있다. 이보다 더 큰 차이가 관찰된 경우들도 있다: *Thermanaerovibrio velox* Z-9701^T 경우는 4.2% (54.6 대 58.8%), 그리고 *Thermanaerovibrio acidaminovorans* Su883^T 경우는 7.2% (56.6 대 63.8%).

Meier-Kolthoff et al. (2014)은 GGDC (Genome-to-Genome Distance Calculator, 유전체 간 거리 계산기) 웹 서버를 사용하여 *in silico*로 계산된 DDH 유사도를 G+C 함량의 차이와 비교한 결과, G+C 함량 차이는 유전체 시퀀스로부터 계산된 경우에 종 안에서 1% 이하로 변함을 보고하였다. GGDC의 특징에 대해서는 Meier-Kolthoff et al. (2013b)을 참고하기 바란다. *in* *silico* DDH가 70% 이상일 확률(즉, 두 균주가 같은 종일 확률)과 G+C 함량의 차이 간의 관계식은 DNA G+C 차이가 약 1%일 경우 두 균주가 같은 종일 확률은 0.05, 3%일 경우 두 균주가 같은 종일 확률은 <10^{-5}이고, 5%일 경우 그 확률은 거의 0에 가까움을 나타낸다. 이러한 종을 동정하는 실험은 타입 균주(type strain)와 연구 대상 균주와의 비교에 의한 것임을 첨언한다. 경험적인 관계식에서부터 70% *in silico* DDH는 0.0361의 유전체 간 거리(intergenomic distance)에 해당되었다(Meier-Kolthoff et al. 2013b). T를 70% *in silico* DDH에 해당되는 거리라고 하면, 타입 균주가 아닌 두 균주 간의 거리는 2T보다 적거나 같다. 2T에 해당되는 *in silico* DDH는 49.8%이다. 그러므로 이론적으로는 같은 종에 속하는 타입 균주가 아닌 두 균주간의 *in silico* DDH 유사도는 약 50%까지 낮을 수 있다. 실제로 GenBank 유전체의 모든 쌍에 기반한 모델에 따르면 DNA G+C 차이가 1%일 때에 *in silico* DDH가 49.8% 이상일 확률은 0.024, 3%일 때 <10^{-6}, 5%일 때 실질적으로 0임을 나타낸다. 그러므로 유전체 시퀀스로부터 추정할 때, DNA G+C 차이는 종 안에서 1% 미만임을 시사한다. 종전에 실험적으로 측정된 이보다 큰 값들은 전통적인 방법들의 부정확성에 기인한 것일 수 있다.

5.5. 생리 테스트 및 현미경 관찰

성장의 온도 범위, 염분의 내성 범위, 성장의 pH 범위를 측정할 때 동일한 배지를 사용하는 것이 바람직하다. 다른 배지가 사용될 경우, 각 배지가 균주에게 동일한 최적의 성장을 부여한다는 것을 확인해야 한다.

성장의 온도범위. 하나의 종에서도 균주에 따라 성장의 온도 범위 또는 최적 성장의 온도가 뚜렷이 다른 경우가 가끔 보고된다. 그러므로 이러한 기준이 종을 구별짓는 특성(species differentiating character)으로서 일반적이지 않을 수 있다.

최근 단백질 시퀀스들을 이용하여 최적 성장 온도를 높은 정밀도로 추정하는 것이 가능하다는 연구(Zeldovich et al. 2007)가 보고되었다. 직접 실험을 할 수 없는 경우에 유용할 것으로 보인다.

성장의 pH 범위. 성장의 pH 범위를 결정하는데 있어서 유의하여야 할 점이 있다. 배지에 사용된 완충용액(buffer)이 원하는 pH에서 적절한 완충능력을 가져야 한다. 그리고 배양 최종 시점에 pH를 측정하여 pH에 변동이 없었음을 확인하여야 한다. 미생물의 성장에 따른 대사산물(이산화탄소, 유기산)의 생성으로 배지의 pH에 변동이 있을 수 있기 때문이다. pH가

10을 넘어 성장하는 경우(예, haloalkaliphiles, nonhalophilic alkaliphiles), 특히 이러한 사항에 주의하여야 한다. 현재까지 박테리아 성장에 대하여 검증된 최대 pH는 11.3-11.4로(*Bacillus firmus*, *Nitrosomonas halophila* ANs5) 보고되고 있다(Sorokin 2005).

pH 6.7에서 8.0 사이는 중탄산나트륨(sodium bicarbonate 20-50 mM), NaCl (염분 조정)과 기체상에서 0-30% CO_2 (액체/기체 비는 1:10)의 조합으로 유지가 가능하다. 또한 $NaHCO_3$와 KH_2PO_4의 조합도 가능하다. $NaHCO_3$와 Na_2CO_3의 조합은 pH 8.5-11.5에 사용된다.

배양 동안에 pH의 변동을 최소화하기 위하여 성장 실험에서 기질의 농도를 낮게 사용하는 것도 한 방편일 것이다. 주의할 점은 어떠한 완충용액도 미생물의 활동도에 억제 효과를 주지 않아야 한다. 가령 어떤 유기(organic) 완충용액은 미생물의 활동도에 억제 효과가 있다고 알려져 있기 때문이다(Sorokin 2005).

연구자들에 따라 pH를 조절하는데 있어 사용하는 완충용액에 다소 차이가 있다. Budinoff et al. (2011)은 인공 해수 메디아의 pH를 6-7, 7-9, 그리고 9-10으로 조정하기 위해 각각 10 mM MES 완충용액, Tris 완충용액, 그리고 CAPSO 완충용액을 사용하였다. Xu et al. (2011)은 YEB 메디아의 pH를 5.0-6.0, 6.5-7.0, 7.5-8.5, 그리고 pH 9-10으로 조정하기 위해 각각 MES, PIPES, Tricine, 그리고 CAPSO를 40 mM 농도로 첨가하였다.

혐기성 성장. 산소 조건에 따른 원핵생물의 성장 여부는 필수적으로 규명되어야 할 표현형 특성 중 하나이다. 무산소 조건에서의 성장 여부는 획선(streaking)한 평판 배지를 무산소 용기(anaerobic jar)에 넣어 1-3주 정도 배양하여 콜로니가 형성되는지를 관찰하여 결정할 수 있다. 밀폐 전에 무산소 조건을 만들어 주는 가스 팩과 무산소 상태가 잘 유지되는지를 확인하기 위한 지시약(예, resazurin 용액 또는 상업용 지시 스트립)을 용기에 넣어 주어야 한다. 일부 박테리아(예, *Pseudomonas aeruginosa*)는 질산염을 전자 수용체로 이용하여 혐기성 성장이 가능하다(Tindall et al. 2007). 따라서, 질산염을 포함한 평판 배지를 추가하여 실험을 수행하기도 한다.

질소 고정. 질소고정을 측정하는 일반적인 방법은 질소고정효소(nitrogenase)가 삼중결합 기질을 환원하는 성질을 이용하는 간접적 방법이다. 즉, 질소고정의 확인에는 아세틸렌이 에틸렌으로 환원되는 성질을 이용하는데, 이 방법은 간단하여서 봉인된 유리병 안에 알고 있는 량의 아세틸렌을 넣어 배양한 후 시간에 따라 기체를 가스 크로마토그래피에 주입하여 생성된 에틸렌의 량을 측정한다(Postse 1972). 최근에는 질소고정 유전자(*nifH*)의 존재를 확인하여 질소고정 여부를 파악하기도 한다.

기질의 이용성. 원핵생물의 탄수화물 대사는 API 50 CH 스트립(strip; bioMérieux)을 이용하여 검사할 수 있다. API 50 CH 스트립에는 49 종류의 탄수화물이 포함되어 있으며, 사용 배지와 배양 조건에 따라 발효와 산화(oxidation) 검사를 수행할 수 있다. 예를 들어, 탄수화물의 발효 프로필은 API 50 CHB/E 배지를 사용하여 혐기 배양을 통해 얻어질 수 있다. 이는 발효로 인해 생성되는 산에 의하여 pH 지시약이 나타내는 색깔 변화에 근거한 방식이다. 새로 자란 콜로니를 API 50 CHB/E 배지에 재부유시킨 후, 기질이 들어 있는 API 50 CH 스트립의 튜브에 접종한다. 튜브에는 정해진 량의 건조된 기질이 첨가되어 있다. 그리고 혐기성 조건을 유지하기 위하여서 파라핀 오일을 큐플(cupule)에 채워 넣어 튜브 입구가 막히도록 한다. 이때에 비교의 기준이 되는 타입 균주를 같은 방법으로 접종한다. 1-2주 가량 배양하며 색깔의 변화를 관찰한다. 색깔의 변화(붉은색-발효 없음, 청록색, 녹색, 황록색, 황색-완전 발효)에 따라 발효 능력을 반정량적으로 검사할 수 있다(활용의 예, Li et al. 2006). 절대 호기성 균주의 경우에는 파라핀 오일을 첨가하지 않으며, 산의 호기성 생성에 의한 색깔 변화에 의해 탄수화물의 산화 프로필을 얻을 수 있다. 해양 박테리아의 경우 API 50 CHB/E 배지에 NaCl을 적절하게 첨가하여 사용한다(Bae et al. 2010).

해양 박테리아가 탄수화물의 대사를 산화적(oxidative)으로 또는 발효적(fermentative)으로 하는가를 결정할 수 있는 배지가 일찍이 고안되어 사용되어 왔다. Leifson (1963)은 기존의 산화-발효(oxidation-fermentation, OF) 배지를 발전시켜 해양성 산화-발효(marine oxidation-fermentation, MOF) 배지를 개발하였고, Lemos et al. (1985)는 ZoBell 배지를 기반으로 하여 성능이 더욱 향상된 산화-발효(ZoBell oxidation-fermentation, ZOF) 배지로 발전시켰다. Leifson (1963)은 지시약인 bromothymol blue가 해양 박테리아에 독성이 있는 것을 발견하고, phenol red (0.001%)로 대체하였다. 그리고 Tris 완충용액을 사용하여 pH를 조절하였다. 배지 조성 중에서 소량의 효모 추출액(yeast extract) 첨가는 어쩌면 요구될 수 있는 보조적인(accessory) 성장 인자를 공급하기 위해서이다. MOF 배지를 사용하여 탄수화물의 산화 대 발효를 판정하기 위해서는, 포도당이 첨가된 네 개의 시험관에 박테리아를 접종하고 그 중 둘은 파라핀 오일로 1 cm 정도 덮는다. 탄수화물의 발효성 균주(fermentativc strain)는 두 그룹의 배지를 모두 산성화시킨다. 탄수화물의 산화성 균주(oxidative strain)는 파라핀 오일이 첨가되지 않은 시험관을 산성화시킨다. ZOF 배지를 사용하여 탄수화물의 산화 대 발효를 판정하는 경우, 탄수화물의 발효성 균주는 MOF 배지의 경우처럼 두 그룹의 시험관(tube)에서 배지를 모두 산성화시킨다. 그러나 탄수화물의 산화성 균주는 파라핀 오일이 첨가된 시험관을 산성화 시키지 않으며, 파라핀 오일이 첨가되지 않은 시험관에서 산성화를 나타낸다.

위의 실험에서 반드시 탄수화물이 첨가되지 않은 배지를 대조구(control)로 사용하여(산도를 비교하기 위하여) 비교하여야 하며, 반응이 나타나지 않아야 한다(Lemos et al. 1985). *Vibrio -Aeromonas* 그룹은 명확하게 발효 반응을 나타낸다(Lemos et al. 1985).

Glucosum을 사용하여 기질 사용 테스트를 한 경우를 보게 되는데, glucosum은 단일 화합물이 아님을 유념해야 한다.

성장에 따른 이온의 요구. 만약에 균주들이 Mg, Ca, K이 없는 배지에서 자란다는 말을 듣게 되면 이는 뭔가 잘못된 것이다. 왜냐하면, Mg은 핵산을 안정화 하는데 필요하고, Ca은 세포벽에 존재하고, K은 삼투압 조절에 필요하기 때문이다. 그리고 효모 추출액 자체는 Mg, Ca, K 이온을 상당량 포함하고 있을 것이기 때문이다.

만약에 이온 요구가 신종 기술에서 중요하다면, 성장에 필요한 여러 양이온의 최소 농도를 정확히 측정하여 기술해야 한다. 그리고 신종이 특정 이온을 성장에 요구한다면, 이러한 특성이 가까운 이웃 종들 사이에서 특정적인 특성일 수 있다.

종의 기술에서 어떤 기질의 이용에 관하여 기술할 때에, 사용된 시험 방법에 따라 상반된 결과를 얻게 되어 당황스러울 수 있겠지만, 의미있는 결과일 수도 있으며, 있는 그대로 논문에 보고한다. 예를 들어, 성장 실험에서 테스트한 기질의 결과가 인공 해수(artificial seawater)에서 '+'이지만, API ZYM 스트립에서는 '−'일 수 있다.

현미경 관찰. 같은 속(genus)에 속하는 두 종 간에도 세포의 모양이 다른 경우가 종종 있다. 예를 들면, *Chelatococcus* 속에 속하는 *C. daeguensis*는 세포의 모양이 간상(桿狀 rod)인데 반해서, *C. asaccharovorans*는 구상(球狀 coccoid)에서 타원(oval) 형을 갖고 있었다(Yoon et al. 2008). 그러므로 세포의 모양이 속들을 구별하는 하나의 기준이 될 수 없는 경우도 있다.

제안하고자 하는 신속과 가까운 다른 속들을 구분하는 중요한 표현 형질로서 세포분열 모드, 프로스테카(prostheca) 유무 등이 있다(Tindall et al. 2010).

5.6. 생화학적 테스트

Catalase 효소. 과산화수소 분해효소(catalase)는 cytochrome을 함유한 호기성 및 조건적 혐기성 균주에 존재한다. Catalase는 과산화수소를 분해하여 물과 산소를 만들며, cytochrome system이 없는 균주의 대부분은 catalase 효소가 없으므로 과산화수소를 분해하지 못한다. 균주 콜로니에 과산화수소를 반응시켜 기포(산소)가 발생하면 catalase 양성으로 판정한다 (Tindall et al. 2007).

Oxidase 효소. 산화효소(oxidase)는 생물체 내에서 산화 반응을 촉매하는 효소이다. 균주 중 일부는 NADH로부터 전자수용체인 산소로 전자 전달을 촉매하는 cytochrome oxidase를 세포 내에 함유하고 있는데, cytochrome oxidase는 cytochrome을 산화시키고 산소를 물로 환원시키는 작용을 한다. 산화효소 실험은 N,N,N,N'-tetramethyl-p-phenylenediamine (TMPD) 시약을 산화효소의 인위적인 전자공여체로 사용한다. TMPD 시약은 산화되면 청자색의 indophenol blue 화합물을 형성하는 특성을 갖는다. 균주 콜로니(colony)에 TMPD 시약을 반응시켜 청자색으로 변화하면 산화효소 양성으로 판정한다(Tindall et al. 2007).

녹말 분해 효소. 녹말은 다수의 포도당이 글루코시드 결합에 의해 중합되어 있는 다당류이다. 일부 균주들은 녹말을 가수분해할 수 있는 것으로 알려져 있다. 아이오딘 반응법은 녹말을 검출하는 방법으로 널리 이용되고 있다. 아이오딘 이온(I_3^-)은 녹말과 반응하면 짙은 보라색을 나타내며, 녹말이 없을 경우에는 갈색을 나타낸다. 녹말이 포함된 평판 배지에 균주를 배양시킨 후, 아이오딘 반응법으로 결과를 관찰한다. 성장한 균주(=콜로니) 부근에서 아이오딘 발색 반응(짙은 보라색)이 나타나지 않는 지역이 관찰되면, 녹말 분해 효소 양성으로 판정한다(Tindall et al. 2007).

젤라틴 분해 효소. 젤라틴은 콜라겐의 부분 가수분해에 의해 생성된 폴리펩타이드와 단백질의 혼합물이다. 염화수은 침전법은 젤라틴을 검출하는 방법으로 이용된다. 젤라틴이 포함된 평판 배지에 균주를 배양 시킨 후, 염화수은 침전법으로 결과를 관찰한다. 성장한 균주 부근에서 불투명한 흰색 침전이 나타나지 않는 투명 지역(clear zone)이 관찰되면, 젤라틴 분해 효소 양성으로 판정한다(Tindall et al. 2007).

Tweens 40, 60, 80 분해 효소(=lipolytic activity, 지방 분해 효소 활동도). Tweens 화합물은 소르비탄 지방산 에스테르(sorbitan fatty acid esters)의 폴리옥시알키렌 유도체로 계면활성 성질을 갖는다. Tweens 화합물이 포함된 평판 배지에 균주를 배양시킨 14일 후, 배지에 올레산(oleic acid)의 Ca 염에 기인한 불투명 침전이 관찰되면, 양성으로 판정한다(Hansen & Sørheim 1991).

DNA 분해 효소. DNA는 유전 정보를 포함하는 거대 분자이다. 가수 분해되지 않은 DNA는 염산과 반응할 경우 흰색 침전이 생성된다. DNA가 포함된 평판 배지에 균주를 배양 시킨 후, 염산을 첨가하여 결과를 관찰한다. 성장한 균주 부근에서 불투명한 흰색 침전이 나타나지 않는 투명 지역이 관찰되면, DNA 분해 효소 양성으로 판정한다(Tindall et al. 2007).

질산염 환원 효소. 일부 원핵생물들은 질산염(NO_3^-)을 환원하여 아질산염(NO_2^-)을 생성한다. 아질산염은 sulphanilic acid와 α-naphthylamine의 혼합 시약을 이용한 발색법으로 검출 가능하다. 질산염이 포함된 액체 배지에 균주를 배양 시킨 후, 앞서 언급한 혼합 시약을 첨가하여 결과를 관찰한다. 붉게 발색되면 질산염 환원 효소 양성으로 판정한다. 주의할 점은 붉은 발색이 관찰되시 않은 경우라도 아연(Zinc)을 첨가하여 색 변화를 관찰해야 한다는 것이다. 만일 시험 균주에 질산염 환원 효소가 없어 질산염이 그대로 남아 있는 것이라면, 아연을 첨가했을 때 질산염이 강제로 아질산염으로 환원되어 붉은색이 관찰될 것이다(질산염 환원 효소 음성 판정; Hansen & Sørheim 1991). 하지만 아연을 첨가하여 붉은색이 관찰되지 않았다면, 이는 시험 균주에 의해 질산염이 이미 아질산염을 거쳐 더욱 환원되었음을 의미하며 결과적으로 질산염 환원 효소 양성으로 판정한다(Tindall et al. 2007).

항생제 내성. 균주를 도말하여 자라게 한 평판 배지에 일정량의 항생제가 스며든 얇은 원반(disc)을 올려놓아, 일정 기간이 지난 후 형성된 투명 지역의 존재 여부에 따라 테스트한 항생제에 대한 감수성 또는 내성이 결정된다. 항생제 내성 테스트에 사용된 antibiotic discs가 상업용인 경우에는 제작사 명을 기술하도록 한다.

그램 염색. 그램 염색은 실험 과정이 간단하고, 세포벽 구조의 이해는 개념상으로도 단순하나, 판정을 잘못 내리게 되는 경우도 간혹 있으니 주의해야 한다. *Thermoleophilum album*은 절대적 호열성 박테리아로 녹색 무유황(green non-sulfur) 박테리아의 신종으로 보고(Zarilla & Perry 1984)되었을 때, 그램-음성으로 판정되었다. 최근의 연구 결과 *Actinobacteria*의 *Rubrobacter*에 속하는 것으로 나타났고, 전자현미경 분석을 통하여 세포벽은 전형적인 그램 양성으로 나타났다(Yamikov et al. 2003).

PHB. 세포 내 polyhydroxyalkanoates (PHAs)의 축적은 통상적으로 호기성 조건에서 탄소 원이 과량으로 있고, 하나 또는 그 이상 영양염이 제한될 때 일어난다. Poly-ß-hydroxybutyrate (PHB)는 PHA의 가장 흔한 대표적 화합물이다. PHA는 생분해성이며, 生化合性(biocompatible)

이며, 열가소성(thermoplastic) 물질이다. 그래서 흔히 말하는 '바이오매스 변환기(biomass transducer)'로써의 잠재적 역할을 갖는다. 즉, 탄수화물 공급 원료(feedstock)을 주어 미생물적 변환(transformation)에 의하여 PHA로 만든 후, 비대칭성 해중합 생성물(chiral depolymerization products)로 변환하거나, 열분해(pyrolysis)에 의하여 저분자 유기 화합물로 변환한다. PHA 생성 균주를 선별(screening)함에는 최소 염 배지(minimal salt medium)를 사용한다(Shi et al. 2002). 위상차 현미경으로 세포 내 입자를 관찰할 수도 있고, 수단블랙 B (0.02% in ethanol)로 염색하는 방법이 있다. 20분 염색 후 평판(plate)은 1분간 10 ml의 96% 에틸알코올(ethanol)로 처리한다. PHA가 많은 세포의 콜로니는 진한 파란색(dark blue)으로 보인다. PHA가 없는 세포의 콜로니는 가벼운 회색을 띤다.

5.7. 화학분류학적 테스트(지방산, 극성 지질, 세포벽, 폴리아민 유형, 키논, 호파노이드), 표지 뉴클레오티드

지방산(Fatty acid). 박테리아 지방산은 체인 길이의 범위가 탄소 원자 두 개(C_2)에서 >90개(C_{90})이다. 그러나 C_{10}에서 C_{24} 범위의 지방산들이 분류학적 가치가 있다.

통상적으로 분석할 균주(즉, 신종 균주와 비교의 기준으로 사용하는 타입 균주)를 KCCM (Korean Culture Collection of Microorganisms)에 의뢰하여, 그 분석 결과를 넘겨 받아 사용한다. 분석을 의뢰할 경우, 균주를 키우는 온도와 배지 조성을 알려주어, 적정 조건에서 분석 결과를 얻어야 한다. 그 이유는 동일한 균주 일지라도 배양 조건(예, 성장 온도, 성장 지수기 또는 정지기 등)이 다르면 결과가 상당히 달라질 수 있기 때문이다.

성장기(growth phase)에 따른 지방산 프로필에 변화가 있기 때문에, 비교하려는 종들은 동일한 성장기에서 얻어진 시료를 갖고 지방산 분석을 해야 한다. cyclopropane 지방산(i.e. $C_{19:0}$ ω8c cyclo)은 전형적으로 정지기(stationary phase) 유전자들에 의해 코딩(coding)되는 효소들에 의해 불포화 지방산 전구물질들(precursor; 11-methyl $C_{18:1}$ ω7c, $C_{18:1}$ ω7c)의 메틸화(methylation)를 통하여 합성된다. 지방산 프로필의 비교를 통하여 분류군을 구별해주는 지방산을 선정하려는 경우, 다음의 3개 지방산 $C_{19:0}$ ω8c cyclo, $C_{18:1}$ ω7c와 11-methyl $C_{18:1}$ ω7c는 그 합을 고려한다(예, Xu et al. 2011). 특히 배양 온도는 중요하다. 다른 성장 온도는 지방산 조성에서 변화를 가져올 수 있기 때문이다. Yoon et al. (2007)의 자료를 보면, *Devosia soli*의 경우 배양 온도가 28℃와 25℃에서 불포화 지방산인 $C_{18:1}$ ω7c는 55.2%에서 65.6%로 10.4%가 증가하였고, $C_{16:0}$은 19.5%에서 12.8%로 감소하였으며, cyclo $C_{19:0}$

ω8c는 0.7%에서 미검출로 나타났다.

Nogi (2008)는 저온호압성(psychropiezophilic) 박테리아에 대한 최근 종설(review)에서 지방산의 속(genus)간의 분포에서 '이들 균주들의 지방산 조성은 속에 달려있다'고 말하고 있어 이를 소개한다. 저온호압성 박테리아는 현재 5개의 속에 속하고 있다: *Moritella*, *Psychromonas*, *Shewanella*, *Photobacterium*과 *Colwellia*. 저온호압성 *Shewanella*와 *Photobacterium* 균주들은 긴 체인의 다중불포화 지방산인 EPA (eicosapentaenoic acid)를 생성하고, *Moritella* 균주들은 긴 체인의 다중불포화 지방산인 DHA (docosahexaenoic acid)를 생성하며, *Psychromonas kaikoae*는 EPA와 DHA를 모두 생성한다. *Colwellia piezophila*는 이와 같은 다중불포화 지방산을 생산하지 않으며, 16:1 지방산을 많이 생산한다. 아마도 이 지방산이 고압 성장에 요구되는 중요한 성분 중 하나일 것이다. 일반적으로 이들 균주들의 지방산 조성은 고압 성장 조건에서 더 많은 량이 생산된다.

지방산 결과를 발표함에 있어 '재료 및 방법'에서 지방산 추출 방법과 분석 기법, MIDI를 이용한 경우에는 사용한 버전과 데이터베이스(예, TSBA40, TSBA50, ACTINO, MOORE5 등)를 명확히 언급할 필요가 있다. Park et al. (2013)의 경우를 한 예로 들면, 지방산은 MIDI의 표준 프로토콜(Sherlock Microbial Identification System, version 6.1)을 사용하여 비누화 반응, 메틸화 및 추출하였으며, 가스 크로마토그래피로 분석하였고, Microbial Identification System (Sasser 1990)의 TSBA6 데이터베이스를 사용하여 확인한 것으로 기술하였다. 그리고 지방산 자료를 제시할 때에 한 가지 주의할 점은 통계적으로 유의한 소수점 자리까지만 제시한다(예를 들면, 15.12%가 아니고 15.1%로).

극성 지질(Polar lipids). 신종 균주 그리고 비교 연구하려는 타입 균주를 동일한 조건에서 배양한 후, 극성 지질을 분석한다. 타입 균주에서 보고된 극성 지질은 문헌을 통해 알려져 있기 때문에, 타입 균주에 대한 실험 결과가 기존의 결과와 일치하는지(즉, 실험이 잘 되었는지) 알 수 있다.

대개 극성 지질 자료는 보충 자료의 그림으로 제시하는데, 그림에 나타난 모든 지질(total lipids)은 인몰리브덴산(phosphomolybdic acids, $H_3[P(Mo_3O_{10})_4]$)을 사용하여 시각화한다. 인몰리브덴산을 이용하면 노란-녹색 바탕에 짙은 회색에서 검은색 점적들(spots)로 나타난다. 1차 차원은 x축, 2차 차원은 y축이 되도록 제시한다. 극성 지질의 분석은 Minnikin et al. (1984)의 방법에 따라 2차원 얇은층 크로마토그래피(2D thin-layer chromatography, TLC)에 의해 수행된다.

TLC에서 눈에 보이는 모든 점적들은 어떤 종류의 극성 지질인지 표지해야 한다: 포스파티딜에탄올아민(phosphatidylethanolamine, PE), 포스파티딜콜린 (phosphatidylcholine, PC), 포스파티딜글리세롤(phosphatidylglycerol, PG), 디포스파티딜글리세롤(diphosphatidylglycerol, DPG), 포스파티딜이노시톨(phosphatidylinositol, PI), 인지질(phospholipid, PL; PL1, PL2, …), 아미노지질(aminolipid, AL; AL1, AL2, …), 당지질(glycolipid, GL; GL1, GL2, …) 또는 지질(lipid, L; L1, L2,…) 등으로.

신종과 비교의 기준이 되는 타입 균주 두 종의 극성 지질 패턴이 매우 잘 구별되는 경우엔 각 점적을 표지하는 작업이 쉬우나, 비슷한 위치에서 점적이 두 종에서 나타난다면 서로 다른 것인지 같은 것인지 구분하기 어려울 수 있다. 이 경우에는 두 종의 극성 지질을 한 판(plate)에 점적하여 분석한다.

표준적인 절차로서, 먼저 모든 지질을 검출하는 인몰리브덴산(molybdatophosphoric acid)을 사용한 TLC의 상(image)을 결과물로 반드시 제시하여야 한다. 그리고 특이하게 염색된 판의 상들을 제시해야 한다. 다음은, 특이하게 염색된 판의 결과들을 모든 지질이 나와 있는 상에 일치시켜 표지한다(예, PL, GL 또는 AGL). 알파-나프톨(α -naphthol)은 당지질(glycolipids)의 검출에, 그리고 일부 다른 주요 지질의 검출에 가장 유용하다. 그러나 적은 량으로 존재하는 지질들은 알파-나프톨로는 가끔 보이지 않을 수 있다. 첫 차원에서 거의 이동을 하지 않고, 두 번째 차원에서 전혀 이동하지 않은 알파-나프톨-양성 점적은 지질일 가능성이 적고 당지질 일 수도 있다.

몰립덴 청(molybdenum blue)으로 분무한 TLC 판의 상(=인지질)도 제시해야 한다. 몰립덴 청염색의 경우, 2배 이상의 극성 지질 추출물을 판에 점적하여 반복 실험할 필요가 있다. 어쩌면 PE와 PC를 발견할 수도 있다. 아미노 그룹에 특이적인 염색은 ninhydrin을 사용한다.

크로마토그램에서 PG와 PE는 행동이 유사하다. 이 문제는 TLC 판을 0.2% ninhydrin reagent (water-saturated butanol에서 제조)로 분무하고 5분간 100℃ 가열하면 해결된다. 아미노 지질(PE)은 핑크 색이 나타남으로 구분된다.

통상적으로 지질 용해성 카로티노이드(lipid soluble carotenoids: 예, zeaxanthin)가 TLC 판에서 다른 지질들과 함께 이동한다. zeaxanthin의 점적은 2차원 전개 후 염색하지 않아도 황색으로 나타난다. 그러므로 지질과 혼동하지 말아야 한다. 콜로니의 밝은 황색은 카로티노이드들의 생성에 기인할 수 있다. 주요 카로티노이드는 zeaxanthin이다(Hameed et al. 2011).

세포벽. 세포벽의 펩티도글리칸 구조에 대한 정보는 그램-양성 박테리아의 신속을 제안할 때 필수적이며, 일부 속의 경우에는 펩티도글리칸의 구조적 차이가 종을 구별하는 특성이 되기도 한다(Schumann 2011). 펩티도글리칸의 구조를 신뢰성 있게 분석할 수 있는 실험실은 아직 국내에 없는 상황이다(2018년 10월 기준). 세계적으로도 극소수의 기관들에서 분석이 가능하므로, 분석이 꼭 필요할 경우에는 DSMZ에 의뢰하는 것이 한 방편일 것이다.

균주 MWH-Ta8^{T}의 펩티도글리칸의 완전 가수분해물(4 M HCl, 100℃, 16시간)은 아미노산들로서 2,4-diaminobutyric acid (Dab), alanine (Ala), glycine (Gly), homoserine (Hse)과 glutamic acid (Glu)을 갖고 있고, 대략적인 몰 비율은 각각 0.8 : 0.5 : 0.9 : 0.4 : 1.0로 보고되었다. 불완전 가수분해물(4 M HCl, 100℃, 0.75시간)은 Mur–Gly, D-Ala–D-Dab, Gly–D-Glu와 같은 펩타이드를 포함하였다. Gly–D-Glu 펩타이드는 B-형 펩티도글리칸의 특징이며, 균주 MWH-Ta8^{T}의 펩티도글리칸은 B2β 형(type B10)을 표현하는 것으로 결론 내려졌다(Schleifer & Kandler 1972, Schumann 2011, Hahn et al. 2014).

폴리아민 유형(Polyamine patterns). 폴리아민은 2개 이상의 아미노 그룹을 포함하고 있는 다양이온(polycation)으로 거의 모든 박테리아에서 필수적인 성분이다. *α-프로테오박테리아*와 *γ-프로테오박테리아*는 폴리아민 유형에 의해 잘 구별되어지는 특성을 보이는 반면, *β-프로테오박테리아*는 상대적으로 균등한 폴리아민 유형을 보인다(Busse 2011). 폴리아민 유형은 *β-프로테오박테리아*의 경우 주요 화합물로는 2-hydroxyputrescine과 putrescine이고, *γ-프로테오박테리아*인 *Pseudomonas*의 경우는 putrescine과 spermidine이다(Busse & Auling 1988, Kämpfer et al. 2008). *α-프로테오박테리아*의 예를 하나 들면 *Pseudaminobacter salicylatoxidans*는 spermidine, *sym*-homospermidine과 putrescine을 우점적 폴리아민으로, 그리고 cadaverine, spermine과 1,3-diaminopropane을 적은 량으로 함유하였고, 가까운 종들인 *Aminobacter* 종들과 *Chelatobacter heintzii*와는 다른 폴리아민 유형을 나타내어 구별되었다(Kämpfer et al. 1999).

키논(Quinone). 호흡 리포키논(lipoquinone)은 원핵생물에서 호기성과 혐기성 개체들에 널리 분포한다. 두 개의 기본적인 구조적 종류로 나뉠 수 있다: 벤조키논(benzoquinones)과 나프토키논(naphtoquinons). 벤조키논엔 유비키논(ubiquinone), 로도키논(rhodoquinones)

과 플라스토키논(plastoquinones)이 포함된다(Tindall et al. 2010). 유비키논은 *α* -, *β* - 및 *γ -프로티오박테리아*에 국한된 것으로 보이며(Tindall et al. 2010), 이들 강에 속하는 호기성 박테리아에 있어서 일반적으로 우세하게 나타난다. *α -프로티오박테리아*에 속하는 종들의 특징으로는 많은 종들에서 유일하게 우점적인 호흡 리포키논(lipoquinone)으로서 유비키논10 (Q-10)을 갖는다는 것이다(Martinez-Canovas et al. 2004). 지금까지 연구된 *β -프로티오박테리아*의 경우 주요 호흡 리포키논은 Q-8로 알려져 있고, *γ -프로티오박테리아*인 *Pseudomonas*의 경우 유비키논 Q-9을 갖고 있다(Kämpfer et al. 2008). *γ -프로티오박테리아*인 *Legionella* 종에서도 Q-10이 또한 발견되나 유일한 주요 성분은 아니다 (Wagner-Döbler et al. 2004).

나프토키논은 메나키논(menaquinone) 유도체들을 포함한다. 호흡 리포키논을 만드는 것으로 알려진 원핵생물의 대부분의 계열들은 메나키논 유도체들을 합성한다. *α -프로티오박테리아*, *β -프로티오박테리아* 및 *γ -프로티오박테리아* 강에 속하는 일부 혐기성 박테리아, *δ -프로티오박테리아*와, *ε -프로티오박테리아*에서는 메나키논이 우세하다(Nakai et al. 2014).

어떤 논문 심자자는 키논 분석시에 사용한 용매(solvent)와 유량(流量 flow rate)를 제시하라는 코멘트를 할 수 있으니, 관련 자료를 기록해 두는 것이 좋겠다. 그리고 키논에 대한 자료를 언급할 때에 주요(major) 호흡 키논으로 예를 들어 MK-6라고 하면서 아무런 추가 기술이 없으면, '그러면 소수의(minor) 키논은 무엇인가?'라는 코멘트를 받을 수 있다. 그러므로 주요 키논을 언급하게 되면 소수의 키논도 언급하는 것이 좋다.

호파노이드(Hopanoid). 신종 연구에서 호파노이드(hopanoid)가 측정되는 경우는 흔하지 않다. 호파노이드는 자연산의 pentacyclic 화합물로(예, diploptene) 박테리아에서 주요 기능은 세포막의 힘을 강화시키는 것이다. *Cohaesibacter haloalkalitolerans*는 박테리오호판(bacteriohopane) 유도체, diploptene, diplopterol, 동정되지 않은 호판을 주요 호파노이드로 갖고 있다(Sultanpuram et al. 2013). *C. gelatinilyticus* CL-GR15^{T} (Hwang & Cho 2008)는 adenosylhopane (ADH)과 박테리오호판 유도체를 갖고 있었다(Sultanpuram et al. 2013). 호파노이드는 아키아에서 발견되지 않는다.

표지 뉴클레오티드(Signature nucleotides). 16S rDNA 시퀀스 내의 표지 뉴클레오티드를 정의(define)하는 것은 분류에서 제한된 가치를 갖는 접근 방식이다. 16S rDNA 시퀀스 내의 표지 뉴클레오티드가 사용된 사례가 있겠지만, 진화계통 분석보다 나은 정보를 제공하지 않는다. 그리고 새로운 시퀀스들이 가용해지면, 또는 새로운 분류군이 제안되거나 재분류되면 다시 평가되고 수정될 필요가 있다. 특히 하나의 균주에 대해서 표지 뉴클레오티드가 정의되는 것은 바람직하지 않다. 하나의 예를 소개하면, Munoz et al. (2016)은 *Bacteroidetes* 문에 독특한 것으로 알려진 16S rDNA 시퀀스의 1,202 위치에 있는 구아닌(guanine)을 *Bacteroidia* 강에서만 관찰하였고, *Bacteroides* 문의 다른 강에는 우라실(uracil)인 것을 관찰하였다. 그리고 *Bacteroidetes* 문에서는 뉴클레오티드 위치 570과 1,532에서 U와 A/u가 각각 발견되는데, 불확실한 위치(*incertae sedis*) 그룹인 *Rhodothermaeota*에서는 각각 G와 U로 나타났다.

제6장 흔히 분리되는 주요 분류군들의 특징들

조병철 | 황청연

해양 환경을 예로 들면, 다양한 해양 시료로부터 분리된 원핵생물들은 대부분 그램-염색 음성(Gram-stain negative)인 *프로티오박테리아(Proteobacteria)*, *Roseobacter* 단계통, *Bacteroidetes*에 속하는 경우가 많다. 그리고 중요한 그룹인 그램-염색 양성(Gram-stain positive)인 *Actinobacteria*와 *Firmicutes*도 종종 분리된다. *프로티오박테리아*, *Bacteroidetes*, *Actinobacteria*와 *Firmicutes*는 토양, 대기, 빗물 등의 환경에서도 중요한 그룹이다(Bowers et al. 2012, Cho & Jang 2014, Jang et al. 2018, Wang et al. 2017). 아래에서 이들 그룹들의 주요 특징과 분류상 제기된 문제점들에 대하여 살펴본다.

먼저 최근(2018년 10월 기준)의 GTDB 분류학에 따른 박테리아와 아키아의 분류 체계에 대해 소개한다. GTDB 분류학에 따르면, 아키아는 11개 문으로 구성되어 있다: *Altiarchaeota, Asgardarchaeota, Crenarchaeota, Euryarchaeota, Hadesarchaeota, Haloarchaeota, Micrarchaeota, Nanoarchaeota, Thermoplasmatota*, JdFR-18, 그리고 UAP2. 박테리아는 약 10배 정도 많은 109개의 문으로 구성되어 있다(**그림** 5).

6.1. *프로티오박테리아(Proteobacteria)*

*프로티오박테리아(Proteobacteria)*라는 이름은 "홍색 박테리아(Purple bacteria)와 그 관계종들(relatives)"을 포함하는 진화계통 분류군(phylogenetic taxon)을 위한 이름으로 1988년 Stackebrandt 등에 의하여 새로운 강(class)으로 제안되었다(Stackebrandt et al. 1988). 고대 그리스 바다의 神으로 많은 다른 모습을 가질 수 있는 프로테우스(Proteus)를 어원으로 갖고 있듯이, 홍색 박테리아와 그 관계종들 내의 주요 진화계통 그룹들(α, β, γ와 δ)의 두드러진 특징은 형태와 생리의 다양성이다. *프로티오박테리아*는 원핵생물 문들 중에서 가장 많은 수의 분리된 균주와 시퀀싱된 게놈을 갖고 있다(**그림** 5).

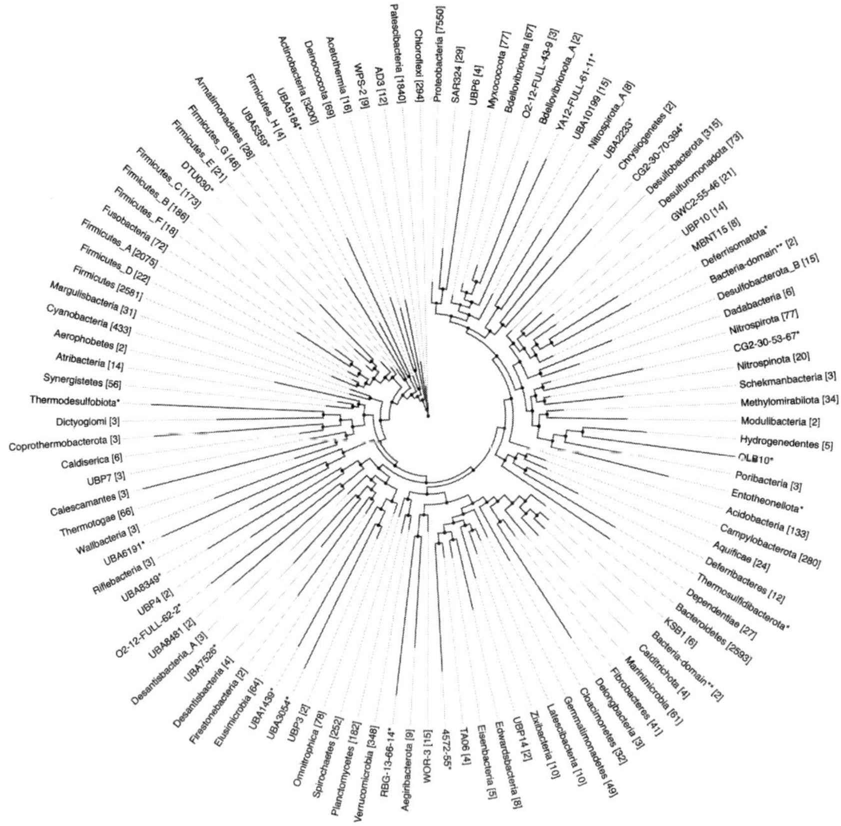

그림 5. 유전체 정보에 기반한 문 수준에서 박테리아의 분류(Mendler et al. 2018). 문 이름 옆의 대괄호 안에 있는 숫자는 분석에 사용된 유전체의 숫자임. [그림 출처: http://annotree.uwaterloo.ca]

2001년에 발행된 *Bergey's Manual of Systematic Bacteriology*에서(Garrity & Holt 2001), 최초로 *박테리아(Bacteria)*와 *아키아(Archaea)* 역(域 Domain)에 계층적인 체계(hierarchial system)를 설정하려는 시도가 있었다. 23개의 문(phylum)이 이들 도메인에 제안되었다. Garrity et al. (2005a)에 의해 *프로티오박테리아* 문이 공식적으로 설정되었고, 5개의 강이 포함되었다(*Alphaproteobacteria*, *Betaproteobacteria*, *Gammaproteobacteria*, *Deltaproteobacteria*, *Epsilonproteobacteria*). *프로티오박테리아* 문은 *박테리아* 도메인에서 가장 큰 문 중의 하나이며, 200 속 이상을 포함한다(Lee et al. 2005).

α-프로티오박테리아, *β-프로티오박테리아*, *γ-프로티오박테리아* 강은 각각 호기성(aerobes), 혐기성(anaerobes), 광합성 그리고 비광합성(nonphotosynthetic) 개체들을 포함하며 육상과 수생 환경에서 많은 개체수를 갖고 널리 분포한다. *프로티오박테리아*에는 출아

(budding) 현상을 나타내는 종들이 있다. 출아 현상은 *Planctomycetes*에서도 관찰된다(Devos & Reynaud 2010). *δ-프로티오박테리아* 강은 주로 호기성이며 자실체를 형성하는 *Myxobacteria*, 알려진 황산염-환원 박테리아의 대부분(*Desulfovibrio*, *Desulfobacter*, *Desulfococcus* 등)과 황-환원 박테리아(*Desulfuromonas* 종들)인 절대적으로 혐기성인 속들을 포함하였다. 현재 GTDB 분류학에 따르면(2018년 11월 기준), *Desulfuromonas* 종들의 대부분은 *Desulfuromonadota* 문으로, 황산염-환원 박테리아의 대부분은 *Desulfobacterota* 문으로, *Myxobacteria*는 *Myxococcota* 문으로 분류되고 있다. *ε-프로티오박테리아* 강에는 숙주와 연합하는 박테리아가 흔히 발견된다: *Campylobacter*, *Helicobacter*와 일부 *Arcobacter* 종들은 척추동물의 기회적 병원성으로 알려져 있다. 심해 열수 분출공의 동물들과 연합하는 종들은 *Caminibacter*, *Nautilia*와 *Sulfurospirillum* 속에 속한다. *ε-프로티오박테리아*는 다른 *프로티오박테리아*에 부속되지(affiliated) 않는 연구 결과들이 있었고, 분류학적 개정(revision)이 요구되었다(아래 참조).

최근 두 개의 강 '*Zetaproteobacteria*'와 *Acidithiobacillia*가 각각 Emerson et al. (2007)과 Williams & Kelly (2013)에 의해 제안되었다. 그리고 *프로티오박테리아* 문은 8번째 강인 *Oligoflexia*를 갖게 되었다(Nakai et al. 2014). *ζ-프로티오박테리아* 강은 연안과 해양 환경에서 철(Fe^{2+})을 저온, 중성 pH와 미호기성 조건에서 산화시킨다. *ζ-프로티오박테리아*는 높은 철(Fe^{2+}) 이온을 갖는 서식지에서만 확인된다. *ζ-프로티오박테리아*는 성분이 주로 iron oxyhydroxide (FeOOH)와 유기 중합체로 이루어진 나선형 부착자루(helical stalk)와 관 모양의 초(tubular sheath)와 같은 뚜렷한 세포외 구조를 만든다. *ζ-프로티오박테리아*는 실험실에서 배양하기 어렵다. 배양된 균주들은 모두 절대적 철-산화 화학무기자가영양(*chemolithoautotroph*)인 *Mariprofundus ferrooxydans* 균주 PV-1에 가깝게 연관된다(Field et al. 2015). 현재 GTDB 분류학에 따르면(2018년 11월 기준), *ζ-프로티오박테리아* 강에는 2개의 목이 있다: *Mariprofundales* 목과 CG1-02-64-396 목.

Acidithiobacillales 목은 이전에는 *γ-프로티오박테리아* 강에 배정되어 있었다. 최근의 연구들은 *Acidithiobacillales* 목이 *β-프로티오박테리아* 강과 *γ-프로티오박테리아* 강이 결합된 단계통에 자매 그룹(sister group)으로서 모든 *프로티오박테리아* 강들의 바깥에 위치함을 나타내었다. Williams & Kelly (2013)은 129개 게놈을 이용하여 선택된 98개의 단백질을 진화계통 분석에 사용하여 이를 확증하였고, 새로운 *프로티오박테리아* 강인 *Acidithiobacillia* 강을 제안하였다. *Acidithiobacillia* 강은 1개의 목(*Acidithiobacillales*)과 2개의 과(*Acidithiobacillaceae*와 *Thermithiobacillaceae*)를 포함하며 타입 속은 *Acidithiobacillus*이다.

기존의 γ -*프로티오박테리아* 강에서 *Acidithiobacillales* 목이 삭제되면서 *Pseudomonadales* 목이 γ -*프로티오박테리아* 강의 타입 목이 되었다(Williams & Kelly 2013).

Oligoflexia 강에는 분리 배양된 박테리아(*Oligoflexus tunisiensis*)가 한 종만이 보고되었지만, 이 강은 그램-음성의 호기성 성장 특징을 갖을 것으로 예상되며 메나키논을 갖을 것으로 보인다(Nakai et al. 2014). *Oligoflexus tunisiensis*는 주요 지방산으로 $C_{16:1}\omega 5c$와 $C_{16:0}$이 각각 65.7%와 27.5%를 차지하였고, 이들 지방산의 비율은 다른 *프로티오박테리아*들과 차이를 보였다. *Oligoflexus tunisiensis*의 지방산의 조성은 $C_{16:1}\omega 5c$가 40% 이상으로 검출된 δ -*프로티오박테리아*인 *Myxobacteria*와 가장 유사하였다.

α -*프로티오박테리아* 강은 5개의 주요 군으로 세분되었다: *Caulobacterales* 목, *Rhizobiales* 목, *Rickettsiales* 목, *Sphingomonadales* 목, 그리고 *Rhodospirillales* 목(Lee et al. 2005). 최근의(2016년 11월 기준) 'List of Bacterial Orders' 자료를 보면 13개의 목으로 증가됨을 알 수 있다: *Caulobacterales*, *Holosporales*, "*Kopriimonadales*" Kwon et al. 2005, *Kordiimonadales* Kwon et al. 2005, *Magnetococcales* Bazylinski et al. 2013, "*Pelagibacterales*" Grote et al. 2012, *Rhizobiales*, *Rhodobacterales* [*Parvularculales*], *Rhodospirillales*, *Rhodothalassiales* Venkata Ramana et al. 2013, *Rickettsiales*, *Sphingomonadales*, *Sneathiellales*.

β -*프로티오박테리아* 강은 11개의 목으로 세분되었다: *Burkholderiales*, "*Ferritrophicales*" Weiss et al. 2007, "*Ferrovales*" Johnson, Hallberg & Hedrich 2014, "*Gallionellales*" Weiss et al. 2007 (iron bacteria), *Hydrogenophilales* Garrity, Bell & Lilburn 2006, *Methylophilales* Garrity, Bell & Lilburn 2006, *Neisseriales*, *Nitrosomonadales*, *Procabacteriales* Garrity, Bell & Lilburn 2003, *Rhodocyclales* Garrity, Bell & Lilburn 2006, *Sulfuricellales* Watanabe, Kojima & Fukui 2015.

γ -*프로티오박테리아* 강은 19개의 목으로 세분되었다: *Acidiferrobacterales* Kojima, Shinohara & Fukui 2015, *Acidithiobacillales*, *Aeromonadales*, *Alteromonadales*, *Arenicellales* Teramoto, Yagyu & Nishijima 2015, *Cardiobacteriales* Garrity, Bell & Lilburn 2005, *Cellvibrionales* Spring et al. 2015, *Chromatiales*, *Enterobacteriales*, *Legionellales*, *Methylococcales*, *Oceanospirillales*, *Orbales* Kwong & Moran 2013, *Pasteurellales*, *Pseudomonadales*, *Salinisphaerales*, *Thiotrichales*, *Vibrionales*, *Xanthomonadales*.

δ-프로테오박테리아 강은 10개의 목으로 세분되었다: *Bdellovibrionales*, *Bradymonadales* Wang et al. 2015, *Desulfarculales*, *Desulfobacterales*, *Desulfovibrionales*, *Desulfurellales*, *Desulfuromonadales*, *Myxococcales* (fruiting gliding bacteria), *Oligoflexales* Nakai et al. 2014, *Syntrophobacterales*.

Parks et al. (2018)은 일명 'GTDB 분류학'으로 원핵생물을 분류한 결과, 기존에 *δ-프로테오박테리아* 강에 속해 있던 10개 목 중 9개 목은 아래 표와 같이 새로운 5개 문의 9개 강으로 재분류되었다. 나머지 1개 목(*Bradymonadales*)에 대한 정보는 GTDB에 없었다. 그러나 *Bradymonadales* 목의 *Bradymonas sediminis* 타입 균주에 대한 GenBank 유전체 정보를 사용하여 GTDB-Tk 프로그램으로 GTDB에서 분류를 수행한 결과는 *Myxococcota* 문에 속하는 새로운 강을 시사한다(표 3). *δ-프로테오박테리아* 강에 속해 있던 10개 목은 모두 새로운 5개 문의 10개 강으로 재분류되는 것으로 보인다.

표 3. 기존의 *δ-프로테오박테리아* 강에 속해 있던 10개 목의 재분류

기존의 *δ-프로테오박테리아* 강에 속한 10개 목(LPSN)	Genome Taxonomy Database (GTDB)	Comments
Bdellovibrionales	*Bdellovibrionota* 문; *Bdellovibrionia* 강	Parks et al. (2018)
Bradymonadales	Not available	GTDB-Tk 프로그램을 이용한 *B. sediminis* 유전체의 분류 결과: *Myxococcota* 문의 새로운 강으로 추정됨.
Desulfarculales	*Desulfobacterota* 문; *Desulfarculia* 강	Parks et al. (2018)
Desulfobacterales	*Desulfobacterota* 문; *Desulfobacteria* 강	Parks et al. (2018)
Desulfovibrionales	*Desulfobacterota* 문; *Desulfovibrionia* 강	Parks et al. (2018)
Desulfurellales	*Campylobacterota* 문; *Desulfurellia* 강	Waite et al. (2017, 2018)
Desulfuromonadales	*Desulfuromonadota*문; *Desulfuromonadia* 강	Parks et al. (2018)
Myxococcales	*Myxococcota* 문; *Myxococcia* 강	Parks et al. (2018)
Oligoflexales	*Bdellovibrionota* 문; *Oligoflexia* 강	Parks et al. (2018)
Syntrophobacterales	*Desulfobacterota* 문; *Syntrophia* 강	Parks et al. (2018)

ε*-프로티오박테리아* 강은 2개의 목으로 세분되었다: *Campylobacterales*와 *Nautiliales*. 최근 Waite et al. (2017)은 120개의 단일-사본 마아커 단백질들의 연쇄와 16S 및 23S rRNA 유전자 시퀀스의 연쇄를 사용하여 진화계통 분석을 한 결과, 기존의 ε*-프로티오박테리아* 강과 δ*-프로티오박테리아* 강의 *Desulfurellales* 목은 강하게 단원성임을 나타내고 다른 문들에 부속되지 않아서, ε*-프로티오박테리아* 강과 *Desulfurellales* 목을 새로운 문인 *Epsilonbacteraeota*로 재분류할 것을 제안하였다. 최근 문의 명명법 신규 규정에 따라 *Epsilonbacteraeota*는 *Campylobacterota*로 변경되었다(4.5. 신문에 속하는 신종을 보고하기 참조). *Campylobacterota* 문은 새로운 강인 *Campylobacteria*와 *Desulfurellia*로 구성되어 있다. *Campylobacteria* 강은 *Campylobacterales* 목과 *Nautiliales* 목으로 구성되며, *Desulfurellia* 강은 하나의 목(*Desulfurellales*)을 갖는다. *Campylobacterota* (=*Epsilonbacteraeota*) 문의 조상은 *Aquificae* 문에 연관된 화학무기자가영양성 호열생물(chemolithoautotrophic thermophile)로 추정되었고, 그로부터 몇 개의 중온성의 종속영양적 계열들이 진화한 것으로 시사되었다(Waite et al. 2017).

6.1.1. *Roseobacter* 단계통

Rhodobacteraceae 과에 속하는 *Roseobacter* 단계통은 2007년 초에 30속 52종으로 구성되어 있었다. *Roseobacter* 분류군을 특정 짓는 두 개의 형질은 표면 부착(attachment)과 점유(colonization)를 들 수 있고, 또 다른 특징들로는 호기성 비산소발생 광합성(aerobic anoxygenic phototroph, AAP) 유전자가 있고 박테리아엽록소 *a* (bchl *a*)를 생성한다는 것이다. AAP를 할 수 있는 *Roseobacter*는 종종 조류, 시아노박테리아, 무척추동물과 연합하여 있는 것이 발견된다(Hold et al. 2001, Hube et al. 2009, Martínez-García et al. 2007).

Roseobacter 단계통과 관련이 있는 박테리아는 해양 박테리아의 중요한 부분을 차지한다(Selje et al. 2004). *Roseobacter* 단계통에는 AAP 박테리아와 전적으로 종속영양적인 박테리아가 포함된다. 몇 종은 비산소발생 광합성 활동도를 보이며(Allgaier et al. 2003), 박테리아 엽록소를 포함하는 광화학계(photosystems)를 갖는다. 그 광화학계에 요구되는 유전자들이 *프로티오박테리아*에 걸쳐 수평 이전되었다는 것은 잘 알려져 있다(Nagashima et al. 1997). 따라서 이를 *Roseobacter* 단계통 내에서 분류학적 마아커로 사용하는 것은 적절치 않다. 광영양적 균주와 종속영양적 균주가 같은 속에 또는 심지어 같은 종 안에 있게 되는 사례가 보고되고 있다(Hiraishi et al. 2000, Ruiz-Ponte et al. 1998).

Roseobacter 단계통에 있는 속(genus)들의 경계를 짓는 일은 매우 복잡하다(예, Biebl et al.

2005a). 16S rDNA 계통수의 위상(topology)은 염기 정열 상에서의 작은 변화 또는 계통수 추론 방법들에 따라 현저하게 변하기 때문이다. 이와 같은 모호한 16S rDNA 진화계통 때문에 서로 거의 다르지 않은 속들이 많이 보고된 것으로 보여진다. 그리고 16S rDNA 진화계통에서 몇 개의 속들은 다원(polyphyly)을 나타내고 있다(예, *Oceanicola*, *Silicibacter*, *Sulfitobacter*). 이 단계통 내에 있는 속을 구분하는 일이 복잡한 또 다른 이유는 표현형 마아커가 없다는 것이다. 주요 이소프레노이드(isoprenoid) 키논인 Q10과 지방산인 $C_{18:1}\omega7c$는 모든 *Roseobacter* 단계통에 공통적으로 나타난다. 그리고 지방산들의 정량적 차이는 통상적으로 속 수준의 관계의 믿을만한 지시자가 되지 못한다.

6.1.2. 호기성 비산소발생 광합성(AAP) 박테리아

AAP 박테리아는 1970년대 말에 도쿄 만에서 발견되었다(Shiba et al. 1979). 이들 박테리아는 조건적 혐기성 홍색 무유황(purple non-sulfur) 박테리아와 관련이 있으나 진화하면서 호기성 대기에 적응하여 종속영양적 대사를 가지면서 절대적 호기성 생물이 된 것으로 보고 있다(Yurkov & Beatty 1998). 뒤에 *Erythrobacter longus* (균주 OCh101)와 *Roseobacter denitrificans* (종전에는 *Erythrobacter* sp. OCh114 균주)로 분류된 두 종은 모두 bchl *a*를 포함하며(Shiba & Simidu 1982), AAP 박테리아의 중요한 두 속을 구성한다.

Biebl et al. (2006)은 광합성 반응 센터(photosynthetic reaction center)의 단백질을 인코딩하는 유전자들(즉, *pufL*과 *pufM*)을 갖고 있는 종으로서 박테리오클로로필 *a*와 카로티노이드를 가지며 *Rhizobiales* 목, *Phyllobacteriaceae* 과에 속하는 신종 *Hoeflea phototrophica*를 보고하였다. 흥미롭게도 광합성 색소는 정상 해수에서는 생성되지 않았고, 낮거나 중간 정도(리터 당 3-9 g 염분)의 염분에서 형성(0.3-0.9 nmol bchl *a* $[\text{mg protein}]^{-1}$)되었다. 혐기성 조건에서는 성장하지 못하였다. 그러나 빛으로부터 추가적인 에너지를 생성하는가에 대한 실험결과는 없었다. 특이하게도, 테스트한 유기탄소 원 중에서 acetate와 malate만이 좋은 성장을 주었다. *α-프로티오박테리아*의 경우에서처럼 주요 지방산 조성은 단일 불포화를 갖는 18:1 $\omega7$ (63-85%)이었다.

Biebl et al. (2005b)은 *pufL*과 *pufM*을 갖고 있고, 박테리오클로로필 *a*와 카로티노이드를 가지며 *Roseobacter* 단계통에 속하는 신종 *Dinoroseobacter shibae*를 보고하였다. 광합성 색소는 20‰ 해수에서 4 nmol bchl *a* $(\text{mg protein})^{-1}$를 갖는데, 보고된 호기성 광영양자(aerobic phototrophs) 중에서 가장 높은 농도의 색소를 형성하였다. 빛을 쪼여 주면 세포 밖 pH가 높아지는 등의 기능적인 광합성 기구를 갖는 것으로 보여지고 있다. 절대적인 호기성 성장을 하였다. *Hoeflea phototrophica*와 달리, 여러 카르복실산(carboxylic acids), 포도당, 글리세롤을 유기탄소 원으로 이용하였다. 그러나 *Hoeflea phototrophica*와 같이 효모 추출액의 첨가를 성장 인자(growth factors)의 공급원으로써 요구하였다. 여기서도 빛으로부터 추가적인 에너지를 얼마나 생성하는가에 대한 실험결과는 없었다. *Dinoroseobacter shibae*는 암배양시 핑크 또는 밝은 빨강색을 띠었고, 강한 빛에서 자라면 엷은 베이지색을 나타냈다. *α -프로테오박테리아*에 특징적인 유비키논 10이 우점적인 호흡 리포키논이었다.

Labrenz et al. (2005)는 호기성이며 bchl *a*를 포함하는 빨간색 콜로니의 신종 *Roseisalinus antarcticus*을 남극의 Ekho 호수(70‰, 15.5℃)에서 보고하였다. 여러 카르복실산과 당을 이용하며, *Roseobacter* 단계통의 구성원으로 나타났다. *Roseobacter* 단계통 내의 호기성이며 bchl *a*를 생성하는 다른 속과 생체 흡수(*in vivo* absorption)를 비교한 결과, 큰 피크가 나타나는 파장 밴드와 작은 피크가 나타나는 파장 밴드가 서로 달라 구분이 되었다.

6.2. *Bacteroidetes* 문

Bacteroidetes 문은 그램-염색 음성인 간상의 박테리아로서 화학유기영양성(chemoorganotrophic)이며, 표현형적으로 다양한 그룹이다. 내생포자(endospore)를 형성하지 않는다. 운동성이 없거나 또는 미끄러짐 운동(gliding)에 의해 운동성을 갖는다. *Bacteroidetes* 문의 이름은 Krieg et al. (2010)에 의해 제안되었다. 최근 ICNP에 문의 위계가 포함됨으로써, 이 문에 '*Bacteroidaeota*'라는 이름이 부여되었다. *Bacteroidetes* 문은 원래 *Cytophaga-Flavobacteria-Bacteroides* (CFB)로 불리었고, *Cytophaga, Flavobacterium*과 *Bacteroides* 속을 포함하는 단원적 계열로 정의되었었다.

Bacteroidetes 문은 2005년 3개의 강을 포함하는 것으로 제안되었다(Garrity et al. 2005b): *Bacteroidia*, *Flavobacteriia*와 *Sphingobacteriia.* 2011년 '*Bergey's Manual of Systematic Bacteriology*'에는 *Bacteroidetes* 문에 *Cytophagia* 강이 포함되었다(Ludwig et al. 2011). 이 새로운 강은 기존에 *Flexibacteraceae*, *Flammeovirgaceae* 및 *Crenotrichaceae*에 분류되었던 많은 속들을 포함하였다. 그리고 2 개의 그룹이-*Bacteroidetes* 문의 계열이나 앞에 언급된 4개 강에는 소속되지 않아서-*Cytophagia* 강의 불확실한 위치(*incertae sedis*)내에 당분간 배치된 상태이었다.

Bacterioidia 강에는 *Bacteroidales* 목이 있고, 5개의 과가 있다: 2005년에 Garrity et al.에

의해 제안된 4개의 과(*Bacteroidaceae*, *Rikenellaceae*, *Porphyromonadaceae*, *Prevotellaceae*), 그리고 2011년 '*Bergey's Manual of Systematic Bacteriology*'에서 새롭게 제안된 *Marinilabiliaceae*가 있다.

Flavobacteriia 강에는 하나의 *Flavobacteriales* 목이 있고, 3개의 과가 있다: *Flavobacteriaceae*, *Blattabacteriaceae*와 *Cryomorphaceae*.

Sphingobacteriia 강에는 하나의 *Sphingobacteriales* 목이 있고, 3개의 과가 있다: *Sphingobacteriaceae*, *Chitinophagaceae*와 *Saprospiraceae*. *Crenotrichaceae* 과는 해체되어 타입 속인 *Crenothrix*가 γ -*프로티오박테리아*로 배정되었고(Stoecker et al. 2006), *Chitinophaga* 속이 *Sphingobacteriales* 목 내의 새로운 과(=*Chitinophagaceae*)의 타입 속이 되었으며, *Crenotrichaceae* 과에 분류되어 있던 *Rhodothermus* 속, *Salinibacter* 속, 그리고 *Toxothrix* 속은 *Cytophagia* 강의 불확실한 위치의(*incertae sedis*) 목들(Orders)로 이전되었다.

Cytophagia 강은 3개의 과를 포함한다: *Cytophagaceae*, *Cyclobacteriaceae*와 *Flammeovirgaceae*. 그리고 *Cytophagia* 강은 *Cytophagales* 목과 4개의 *Incertae Sedis* 목을 포함한다(Ludwig et al. 2011).

Bacterioidia 강은 대부분이 혐기성(일부는 조건적 혐기성)이며 당을 분해한다. 비운동성(nonmotile) 또는 미끌어짐 운동(gliding)에 의한 운동성이 있다.

Flavobacteriia 강은 그램-음성으로 염색되는 간상 박테리아 또는 필라멘트로, 가스 포(가스 胞 gas vesicle)가 없고 세포내에 PHB (poly-β -hydroxybutyrate) 입자가 없다. 통상 이분열로 증식한다. *Blattabacteriaceae* 과의 종들은 비운동성이고, 편모가 없으며, 배양이 되지 않으며, 곤충들의 세포내 공생자들이다. *Flavobacteriia* 강의 G+C 함량(%) 값의 범위는 27-56%이다. *Flavobacteriaceae* 과와 *Cryomorphaceae* 과는 호기성 또는 조건적 혐기성 종속영양 박테리아들로 구성되어 있고, 발효는 *Flavobacteriaceae* 과의 일부 종에서 나타나며, 비운동성 또는 미끌어짐 운동에 의한 운동성이 있다. 카로티노이드(carotenoid)와 플렉시루빈(flexirubin)류 또는 둘 중 하나의 색소를 생성하여 노란색의 콜로니를 형성한다. 이들 과의 많은 종들이 소금 또는 해염(海鹽)을 성장에 필요로 하고, 대부분의 종들은 효모 추출액, 펩톤(peptone), 카사미노산(casamino acids)에 있는 유기물을 필요로 한다.

Flavobacteriaceae 과에 속하는 종들은 온대, 열대 또는 극 지역에서 토양, 담수, 기수 또는 해수에서 널리 분포한다. *Flavobacteriaceae* 과에 속하는 종들의 일부는 인간, 어류, 또는 양서류에 병원성이다. *Cryomorphaceae* 과에 속하는 지금까지 배양된 종들은 해양의 낮은 온도에 국한되어 있다. 메나키논 6(MK-6)가 *Flavobacteriaceae* 과에 속하는 종들의 주요 키논이다(Bernardet 2010).

Sphingobacteriia 강은 그램-음성으로 염색되는, 포자를 형성하지 않는, 형태적으로 다양한 박테리아를 포함한다. 호기성 또는 조건적 혐기성으로 성장하고, 노란 색소형성(pigmentation)이 가끔 관찰된다. G+C 함량(%) 값의 범위는 36-49.8%이다.

Cytophagia 강은 그램-음성으로, 세포의 형태가 짧거나 긴 간상의 박테리아 또는 가끔 필라멘트이다. 포자 또는 다른 휴지 세포(resting cells)들은 관찰되지 않는다: 예외는 *Sporocytophaga* 속이 있다. 통상적으로 절대적 호기성으로 성장하나, 미호기성 성장에서 혐기성 성장이 몇 구성원들에서 나타난다. 화학유기영양성(chemoorganotrophic)이며, 콜로니는 통상 색을 띤다. 카로티노이드 또는 플렉시루빈 류의 색소, 또는 두 종류 모두를 생성하여 노란색, 오렌지색, 핑크, 또는 빨간색을 띤다. 자연에 널리 분포하며, 일부 속들은 해염을 성장에 요구하는 해양성이나. 대부분은 중온성(mesophilic)이며, 저온성 또는 고온성(thermophilic) 종도 있다(Nakagawa 2011).

Flavobacteriaceae 과에 속하는 종들을 기술하는 지침으로서 발표된 최소 표준안(the minimal standards; Bernardet et al. 2002)에 대한 상세한 소개는 8장의 BOX 9 (*Flavobacteriaceae* 과의 새로운 분류군을 기술하기 위해 제안된 최소 표준안)를 참고하기 바란다.

앞에서 간략히 언급된 바와 같이, *Bacteroidetes* 문의 분류학적 분류는 어렵고, 논쟁의 여지가 있었다. Munoz et al. (2016)은 16S rRNA 유전자와 23S rRNA 유전자 시퀀스 그리고 29개의 단백질 시퀀스를 사용한 MLSA를 이용하여 *Bacteroidetes* 문의 진화계통을 개정하였고, 정렬된 16S rRNA 시퀀스들의 표지 뉴클레오티드와 삽입과 결손 유형(indel pattern)의 자료에 기반하여서 *Bacteroidetes* 문내에 7개의 새로운 분류군(5 번째 신강인 *Chitinophagia*, 신목 *Chitinophagales*, 그리고 5개의 신과들[*Crocinitomicaceae*, *Odoribacteraceae*, *Hymenobacteraceae*, *Thermonemataceae* 및 *Persicobacteraceae*])을 제안하였다. 그리고 *Bacteroidetes*로부터 *incertae sedis* 그룹인 *Balneola*와 *Rhodothermaceae*를 제거하여 새로운 *Rhodothermaeota* 문을 제안하였다. 그럼에도 *Bacteroidetes* 분류의 만족스럽지 않은 면들이 지속되었고, Hahnke et al. (2016)은 *Bacteroidetes* 문 그리고 *Bacteroidetes* 문에 가깝게 연관된 문들(예, *Balneolaeota*, *Chlorobi*, *Ignavibacteria*와 *Rhodothermaeota*)의 타입 균주 게놈들을 사용하여 유전체-규모의 자료로부터 추정된 계통수에 근거하여 분류를 추정하였다. *Bacteroidetes*로부터 *Balneolaeota*와 *Rhodothermaeota*가 제거되어, *Bacteroidetes*의 강과 목들은 단원성인 것으로 나타났다. 또한 표현형과 계통유전체적(phylogenomic) 특징들은 *Rhodothermaeota*로부터 *Balneolaceae*가 새로운 문(*Balneolaeota*)으로 분리됨을 지지

하였다. 새로운 *Balneolaeota* 문이 16S RNA 유전자와 전체-유전체 진화계통 분석에 기초하여 기술되었다. 현재 하나의 강 *Balneolia*를 포함한다. 그리고 *Rhodothermaeota* 문이 전체-유전체 진화계통 분석에 기초하여 추가적으로 한정되었다(Hahnke et al. 2016).

이와 유사하게, *Chlorobi* (지금은 *Chlorobaeota*로 명명)에 대한 큰 진화계통적 거리와 생리적 차이에 기반하여, *Ignavibacteriaceae*와 *Melioribacteraceae*가 *Chlorobi*로부터 분리되어 새로운 *Ignavibacteria* 문으로 재분류되었다. 유전체-규모 계통수에 의해 시사된 재분류들과 표현형 정보 사이에 유의하게 상충되는 것은 없었다(Hahnke et al. 2016).

참고로, '*Bacteroidetes-Chlorobi* 초문(超門 superphylum)'은 새로운 문인 *Rhodothermaeota*와 *Balneolaeota*가 기존의 '*Bacteroidetes-Chlorobi* 초문'의 부분이었음을 고려하여 '*Bacteroidaeota-Rhodothermaeota-Balneolaeota-Chlorobaeota* (BRBC) 초문'으로 바뀌었다.

6.3. 그램-양성 박테리아

6.3.1. *Firmicutes* 문

*Firmicutes*는 강하다는 뜻의 라틴어 형용사 firmus와 피부라는 뜻의 cutis를 합한 의미를 가지며, 세포벽이 그램-양성 형임을 가리킨다. Gibbons & Murray (1978)는 모든 그램-양성 박테리아를 포함하는 *Firmicutes* 문(division)을 기술하였다. 따라서 낮은 G+C %의 그램-양성 박테리아와 높은 G+C %의 그램-양성 박테리아가 포함되었다. Garrity & Holt (2001)는 낮은 G+C %의 그램-양성 박테리아와 *Mollicutes* 강을 포함한 *Firmicutes* 문을 기술하였다. 그러나 *Mollicutes* 강은 표현형이 전형적인 *Firmicutes*와는 사뭇 달라서(세포벽 부재, 펩티도글리칸의 부재 등) *Firmicutes* 문에서 *Mollicutes* 강을 제거하는 것이 제안되었다. 보존적인 단백질들을 인코딩하는 여러 유전자들(예, *rpoB*, *rpoC*)의 시퀀스 비교 분석 결과도 *Mollicutes*가 진화계통상 *Firmicutes* 문과 매우 별개의 것임을 나타냈다(Schleifer 2009). *Mollicutes*는 *Tenericutes* 문으로 상승되었다.

Firmicutes 문은 적어도 26개의 과와 223개의 속으로 구성되었으며, 3개의 강을 갖는다: *Bacilli*, *Clostridia*와 *Erysipelotrichia*. *Firmicutes* 문의 모든 종들은 단단한 세포벽을 가지며, 세포벽에 뮤라민산(muramic acid)이 있다. *Firmicutes* 문의 어떤 종들은 세포벽에 타이코산(teichoic acid)을 갖는다. 대부분은 그램-양성이나, 그램-음성으로 염색되는 것들도 있다(예,

Veillonellaceae, *Syntrophomonadaceae*). 호기성, 조건적 또는 절대적 혐기성이다. 호열생물(thermophiles) 또는 호염생물(halophiles)인 종들도 있다. 대부분은 중성 pH에서 자라나, 일부는 호산생물(acidophiles) 또는 호알카리생물(alkaliphiles)이다. G+C % 값은 일반적으로 50% 미만이다(Schleifer 2009).

Bacilli 강은 2개의 목으로 구성되어 있다: *Bacillales*와 *Lactobacillales*. *Bacillales*$^{AL(T)}$목엔 *Bacillaceae*^{AL} 과와 3개의 *Incertae Sedis* 과가 포함된 12개의 과가 있다. *Lactobacillales* 목엔 *Lactobacillaceae*^{AL} 과를 포함한 6개의 과가 있다.

Clostridia 강에는 3개의 목이 있다: *Clostridiales*, *Halanaerobiales*^{VP}와 *Thermoanaerobacterales*. *Clostridiales*$^{AL(T)}$ 목엔 *Clostridiaceae*^{AL} 과를 비롯한 19개의 과가 있다. *Halanaerobiales*^{VP} 목엔 *Halanaerobiaceae*^{VP} 과와 *Halobacteroidaceae* 과가 있다. *Thermoanaerobacterales* 목엔 *Thermoanaerobacteraceae* 과를 포함한 4개의 과가 있다.

Erysipelotrichia 강에는 1개의 목이 있다: *Erysipelotrichales*. *Erysipelotrichales*$^{(T)}$ 목에는 1개의 *Erysipelotrichaceae*^{VP} 과가 있다.

한정된 지면 관계상 *Firmicutes* 문의 모든 강, 목, 과에 대하여 일반적 특징을 기술할 수는 없지만, *Bacilli* 강, *Bacillales* 목의 *Bacillaceae*^{AL} 과를 한 예로 들어 기술한다. 다른 강, 목, 과에 대한 기술은 *The Firmicutes* (Schleifer 2009)를 참고하기 바란다. *Bacilli* 강은 일반적으로 그램-양성으로 염색되고, 그램-양성 형의 세포벽을 형성한다. 내생포자를 형성할 수도 또는 형성하지 않을 수도 있다. *Bacilli* 강의 많은 종들이 호기성으로 또는 미호기성(microaerobic)으로 자란다. 일부는 조건적 혐기성이다. *Bacillales* 목의 몇 특징 중 하나는 내생포자를 형성한다는 것이고, 대부분의 종들은 메나키논 7 (MK-7)을 갖고 있고, 예외들도 있다: *Thermoactinomycetaceae* 과는 MK-6에서 MK-11에 이르는 메나키논을 갖는다. *Bacillaceae*^{AL} 과는 *Bacillus*를 포함하여 총 19개의 속들을 포함한다. *Bacillaceae*^{AL} 과의 특징은 예외도 있지만, 대부분이 호기성 또는 조건적 혐기성인 화학유기영양을 하는 간상(rod)의 박테리아로 그램-양성 형의 세포벽 구조를 갖고 내생포자를 형성한다.

6.3.2. *Actinobacteria* 문

*Actinobacteria*는 DNA의 G+C %가 높은 그램-양성 박테리아로 박테리아 문들 중에서 중요한 문 중의 하나이다. 많은 *Actinobacteria*가 균사(mycelia)를 갖는 생활사를 갖고 복잡한

형태적 분화(differentiation)를 겪는다. 이들 균사를 갖는 actinomycetes의 다수는 포자형성에 의해 번식한다. actinomycetes는 펩티도글리칸 세포벽을 가지며, 항생제에 감수성(susceptibility)이 있다. *Actinobacteria*는 상당한 이차 대사(secondary metabolism)를 가지며, 많은 항암(anticancer) 및 항균(antifungal) 화합물을 만들 뿐 아니라 현재 임상적으로 사용되는 천연에서 유래된 항생제들의 약 2/3를 생산한다. 그러므로 *Actinobacteria*는 생명공학, 농업, 의약에서 중요하다. *Actinobacteria*는 여러 고등 생물들(예, 무척추동물, 척추동물, 식물)과의 연합에 있어서 다양한 역할을 한다. *Actinobacteria* 문에는 토양 또는 수서 환경에 서식하는 종들(예, *Rhodococcus*, *Salinispora*, *Micromonospora*와 *Streptomyces*), 식물에 편리 공생하는 종들(예, *Frankia*), 병원성인 종들(대표적으로 *Corynebacterium*, *Mycobacterium*, *Nocardia*, *Propionibacterium*), 장내 편리 공생자들(*Bifidobacterium*)이 있다. *Actinobacteria*는 대부분이 독립생활형(free-living)이고, 육상과 수생 환경에 널리 분포한다. 토양에서 *Actinobacteria*는 그램당 10^6-10^9 개체 수준으로 존재하며, *Streptomyces* 속이 우점적이다. *Actinobacteria*는 대부분 중온성이다. 대부분의 *Actinobacteria*는 중성 pH를 갖는 토양에서 성장한다. 대부분의 *Actinobacteria*는 호기성이며, 종속영양성으로 다양한 유기물을 이용할 수 있다. 화학자가영양성(chemoautotrophic)의 *Actinobacteria*도 있다(Barka et al. 2016).

Actinobacteria 문에 속하는 속들은 형태, 생리, 대사 능력과 관련하여 엄청난 다양성을 나타낸다. 2018년 10월 LPSN을 보면 *Actinobacteria* 문은 6개의 강으로 구성되어 있음을 알 수 있다: *Acidimicrobiia* 강, *Actinobacteria* 강, *Coriobacteriia* 강, *Nitriliruptoria* 강, *Rubrobacteria* 강, 그리고 *Thermoleophilia* 강.

Acidimicrobiia 강은 하나의 목(*Acidimicrobiales*), *Actinobacteria* 강은 여러 개의 목(*Acidothermales*, *Actinomycetales*, *Bifidobacteriales*, *Frankiales*, *Geodermatophilales*, *Kineosporiales*, *Micrococcales*, *Nakamurellales*, *Nitriliruptorales*, unassigned), *Coriobacteriia* 강은 2 개의 목(*Coriobacteriales*, *Eggerthellales*), *Nitriliruptoria* 강은 3개의 목(*Egibacterales*, *Egicoccales*, *Euzebyales*), *Rubrobacteria* 강은 3개의 목(*Gaiellales*, *Rubrobacterales*, *Solirubrobacterales*), 그리고 *Thermoleophilia* 강은 1개의 목(*Thermoleophilales*)으로 구성되어 있다(LPSN, 2018년 10월 기준). *Actinobacteria* 문에는 20개의 목과 67개의 과가 있는데, 그 중 50개의 과가 *Actinobacteria* 강에 속한다.

속과 종 수준에서 *Actinobacteria*의 분류를 서술하는데에 사용되는 주요 특징들은 현미경적인 형태와 화학분류학이다. *Actinobacteria*는 기질(substrate) 균사 또는 기중(氣中 aerial) 균사의 유무, 균사의 색깔, 확산하는 melanoid 색소의 생성, 포자들의 구조와 외양에 따라 다양한 다른 형태를 갖는다. 세포벽 조성은 *Actinobacteria*의 아목들(suborders) 간에 차이가 있기 때문에 분류학적 가치가 있다. 지방산 프로필은 특정한 *Actinobacteria* 속의 동정에 매우 유용하다. 메나키논은 actinomycete 세포피막(envelope)에서 가장 일반적으로 발견된다. 메나키논의 분석은 *Actinomadura*, *Microtetraspora*와 *Streptomyces* 균주들의 분류에 가치 있는 정보를 제공한다(Barka et al. 2016).

연안 해수에서 흔히 배양되는 actinobacteria로는 *Actinomycetales* 목의 *Nocardioides* 속과 *Pontimonas* 속에 속하는 종들이 있다. 해양성 *Actinobacteria*에서 새로운 천연물(natural product)을 탐색하기 위하여 분리 균주를 확보하려는 노력이 많이 진행되어 왔다. *Salinispora* 종은 그 한 예이다.

6.3.3. 분류체계의 역동적 변화의 예

앞에서도 볼 수 있었듯이, 분류체계가 역동적으로 변화되는 예들은 문의 수준에서 아종의 수준에 이르기까지 광범위하게 발견된다. 아래에서 몇 개의 예들을 소개한다. Garrity et al. (2005b)이 *Bacillales* 목에서 제안한 10개의 과 중에서 8개가 유지되었다. *Caryophanon*의 타입(type) 속을 *Planococcaceae* 과로 이전하면서 *Caryophanaceae* 과는 제거되었다. 또한 *Turicibacter*의 타입 속을 *Erysipelotrichaceae* 과로 이전하면서 *Turicibacteraceae* 과는 제거되었다. 그리고 *Pasteuria* 속이 *Alicyclobacillaceae* 과에서 *Pasteuriaceae* 과로 이전되었다. 다수의 속들이 진화계통의 애매함과 분류학적 배치의 모호함으로 인하여 *Incertae Sedis* 과로 이동되었다(Ludwig et al. 2009b).

최근 Parks et al. (2018)은 진화계통수로부터 계산된 상대적 진화 분기(relative evolutionary divergence)를 이용하여 더 높은 분류학적 위계의 지정을 표준화하였다 (‘GTDB taxonomy’[1])으로 명명됨). 16S rRNA 시퀀스 동일성 또는 AAI와 다르게, 이러한 표준화는 분류군 간의 진화계통 관계와 진화의 다른 속도를 설명하였다. 하나의 예를 들면, 빠르게 진화하는 *Mycoplasma* 속의 구성원들은 충분히 분기되어 75%의 16S rRNA 시

---

1) ‘GTDB 분류학’은 ‘Genome Taxonomy Database’ 웹사이트 (http://gtdb.ecogenomic.org/)에서 접속 가능하다. *아키아(Archaea)*와 이중가닥 DNA 바이러스를 포함하여 GTDB를 확장하는 과정에 있음.

퀸스 동일성 값에 기반하여 2개의 문으로 나타나나, 척추동물에 연합된 *Mycoplasma*와 *Ureaplasma*는 절족동물에 연합된 자매 과들(sister families)로부터 4억 년 전에 분기하였고 척추동물의 출현과 대략 일치한다. 이러한 진화적 사건은 박테리아 문들의 주요 다양화(20-30억 년 전으로 추정됨) 현상보다 훨씬 후에 발생하였다. 분류학적 위계의 표준화 결과, *Mycoplasma*의 상대적인 최근(4억 년 전) 출현은 75%의 16S rRNA 시퀀스 동일성에 의해 시사되는 2개의 문으로 위계되는 것보다는 *Firmicutes* 문 내의 목으로 위계되는 것과 일치하였다(Parks et al. 2018).

분류학적 위계의 표준화 결과, *β-프로테오박테리아* 강은 *γ-프로테오박테리아* 강 안의 하나의 목으로 재분류되었다(Parks et al. 2018). 그리고 *δ-프로테오박테리아*와 *ε-프로테오박테리아*는 *프로테오박테리아* 문으로부터 제거되었다. *ε-프로테오박테리아* 강은 *Desulfurellales* 목(*δ-프로테오박테리아*)과 합쳐져서 새로운 문이 형성되었다. GTDB에 따르면, 현재 *프로테오박테리아* 문은 *α-프로테오박테리아* 강, *γ-프로테오박테리아* 강, ζ (zeta)-*프로테오박테리아* 강과 *Magnetococcia* 강으로 구성되어 있다.

그리고 GTDB에 따르면 *Bacteroidetes* 문은 8개의 강으로 나뉜다: *Bacteroidia*, *Chlorobia*, *Ignavibacteria*, *Kapabacteria*, *Kryptonia*, *Rhodothermia*, UBA10030과 GCA-2699105. 기존의 *Flavobacteria* 강과 *Sphingobacteria* 강은 *Bacteroidia* 강 내의 목으로 강등되었다. *Actinobacteria* 문의 기존의 6개 강 중에서 *Nitriliruptoria* 강은 *Actinobacteria* 강 내의 하나의 목으로 강등되었다.

75%의 16S rRNA 시퀀스 동일성 값에 주로 기초하여, 후보 방사 문들(Candidate Phyla Radiation, CPR)에는 적어도 65개의 문이 속하는 것으로 제안되고 있었다. 그러나 분류학적 위계의 표준화 결과, CPR은 단원성 그룹으로 나타났으며 하나의 문(*Patescibacteria*)으로 재분류되어야 할 것으로 시사되었다(Parks et al. 2018). 이러한 결과들은 박테리아 분류학이 역동적으로 변하고 있음을 웅변하여 준다. 이와 같이 역동적인 박테리아 분류학은 엄청난 미생물 다양성을 다루는 효율적인 조직 체계(organizational system)를 제공한다.

6.4. 호염성 아키아(Haloarchaea)

호염성 아키아는 호기성이며, 고염 환경에 서식하는 큰 그룹의 미생물로 구성되어 있다. *Halobacteriales* 목의 구성원들은 가장 호염성인 개체들로서 해수보다 10배 더 고염인 환경에서 번성하여, 총괄적으로 극한 호염생물(extreme halophiles)이라 한다.

고염환경에서 외부와 삼투압을 유지하기 위해 높은 세포 내 염분 농도를 갖는다. 따라서 단백질들은 높은 이온 세기에서도 기능을 할 수 있다. 세포 모양도 매우 다양한 형태가 있다: 球狀, 桿狀, 납작한 디스크(*Halococcus*), 정사각형(*Haloferax*), 사각형(*Halobacterium*), 그리고 삼각형(*Haloarcula*) 모양이 있다. 이들은 그램-음성 또는 양성이며, 어떤 것은 운동성이 있다. 어떤 것은 종속영양적이나, 어떤 것은 bacteriorhodopsin을 이용하여 광합성을 한다.

호염성 아키아 내의 공인 발표된 이름을 갖는, 18개 속에 속하는 61개 균주에 대하여 16S rDNA 시퀀스들의 비교로부터 진화계통 관계가 추정되었다(Wright 2006). *Halobacteriales* 목의 구성원들은 단원성 그룹으로 나타났다. *Halobacteriales* 목 내에서 가장 큰 유전적 분기(genetic divergence)는 18.9%이었고, 모든 가능한 시퀀스 雙에 대한 평균값은 12.4±0.4%이었다. 참고로, 베탄 생성 아키아 내에서 가장 큰 유전적 분기는 34.2%이었다. 고염 환경에 적응하도록 하는 진화적 압력이 이러한 결과를 준 것으로 생각된다. 참고로, GTDB 분류 체계에 따르면(2018년 10월 기준), *Halobacteriales* 목은 *Halobacteria* 강(*Halobacterota* 문)에 속한다.

10개의 속(*Haloarcula*, *Halobiforma*, *Halococcus*, *Haloferax*, *Halorubrum*, *Halosimplex*, *Natrialba*, *Natrinema*, *Natronococcus*와 *Natronomonas*)은 단원성 그룹으로 지지되었다. *Haloterrigena* 속은 예상치 못하게도 준원적인 것으로 나타났다. 즉, *Haloterrigena* (*Htg.*) *thermotolerance*가 *Natrinema* 속과 단계통을 형성하였고, *Htg. turkmenica*가 '*Natrinema* 속 +*Htg. thermotolerance*' 단계통과 그룹을 형성하였다. 계통수는 6개의 주요 분류군을 나타내었다. 아마도 한 종만이 있는 속들에서 추가적인 종들이 있게 되거나 또는 다른 거대분자(macromolecules)를 사용하게 되면 이러한 문제가 해결될지 모른다. 앞에서 언급한 바가 있었는데, *Har. marismortui, Hsx. carlsbadense*가 여러 개의 16S rDNA 시퀀스들을 갖는 것을 볼 수 있고, 이렇게 큰 16S rDNA 시퀀스들의 변이성이 어떻게 진화계통 구축에 영향을 주는 지 볼 수 있을 것이다. 그러나 어떤 16S rDNA 시퀀스(=paralogue)가 맞는 것인지는 더 연구가 되어야 한다. 극한 호염생물의 진화적 역사를 밝혀내는 것은 극한 호염생물의 극한 환경에 대한 적응을 이해하고 새로운 대사물질의 탐구에 있어서 필수적이다(Wright 2006).

끝으로, *Haloquadratum walsbyi*는 흥미로운 종이므로 특별히 소개하고자 한다. 홍해 부근의 고염분 웅덩이(pools)의 시료에서 1980년 사각형 모양의 Haloarchaea가 처음 기술되었다. 매우 얇고(0.2 μm 두께), 가스 포(gas vesicles)를 포함하며, 가끔 확장된 얇은 판(extended sheets)을 형성한다. 2004년이 되어서 처음으로 분리되었고, 최근 균주 HBSQ001의 게놈 시퀀스가 보고되었다. *Haloquadratum walsbyi* 균주 HBSQ001는 분류 체계상 *아키아* 역(域)의

Halobacteriaceae 과에 속하였다. 그램-음성이며, 중성 pH 부근에서 18% 염(salts)을 포함한 배지에서 최적 성장을 한다. 증류수에선 즉각 용균(lysis) 되며, 최저 약 14% (w/v) 염이 성장에 요구된다. 호기성이며, PHA (polyhyroxyalkanoate) 과립(granules)을 세포 내에 포함한다.

신종을 직접 분리/배양하는 것은 원핵생물의 표현형, 대사 및 생리를 기술하고자 함에 있어서 현재에도 중요하고 미래에도 중요할 것이다. 신종 분리 및 보고에 총력을 기울여 매진하고자 한다면, 다양한 환경에서 다양한 방법으로 시료를 얻고 다양한 배양 조건에서 신종을 분리하고 배양하려는 노력이 요구된다. 가령 사하라 사막의 모래 자갈 시료로부터 얻은 0.2 μm 여과액(filtrate)에서 박테리아를 분리하려는 시도(Nakai et al. 2014)를 한 예로 들 수 있겠다.

제7장 박테리아 분류학의 응용

조병철

박테리아 분류학은 흔히 실질적 중요성이 없는 것으로 여겨지나, 박테리아 분류학의 영향은 진화, 생태 등의 기초 학문 분야뿐만 아니라, 질병의 진단 등 응용적 활용에 이른다. 균주들을 빠르고 신뢰성 있게 동정하는 것은 분류학에서 가장 중요한 임무이고(Stackebrandt & Goebel 1994), 진단(diagnosis) 방법의 개발은 중요한 목표이다. 그리고 생명공학 연구의 경우, 활용하는 미생물이 위험 그룹[2)](risk group)으로 지정되는 것은 미생물 취급에서의 노력, 안전성 및 비용과 관련한 함의를 갖게 된다(Moore et al. 2010). 박테리아 분류학 또는 계통학에 사용되는 방법들과 도구들은 앞에서 언급된 분야들에 응용될 수 있고, 또한 역으로 이들 분야에 종사하는 연구자들이 박테리아 계통학 또는 분류학에 기여할 수도 있다. 아래에서 이와 관련된 사례들을 알아본다.

7.1. 진단과 분류

시겔라증(shigellosis), 결핵(tuberculosis), 페스트와 같은 병을 일으키는 몇 병원체에 대해서는 분류학적 지위(status)가 통상적으로 인정되는 속 또는 종의 기준에 맞지 않는다. *Shigella* spp., *Mycobacterium tuberculosis*, *Yersinia pestis*가 그 대표적 예들이다(Lan & Reeves 2001). *Shigella* 균주들은 대장균과는 다른 속에 배치되어 있지만, *Shigella*와 대장균의 EIEC (enteroinvasive *E. coli*) 클론들 사이의 차이는 거의 전적으로 임의적(운동성과 젖당 발효의 유무)이기 때문에, *Shigella*의 많은 형(forms)들은 단지 대장균의 클론들에 불과하다. 살림살이 유전자들의 시퀀스 변이 분석 결과 46개의 *Shigella* 혈청형(serotypes)들 중에서 *Shigella boydii* 하나만이 대장균과 다른 종으로 보여진다.

---

2) 위험 그룹 1은 개인과 지역 사회(community)에 위험이 없거나 매우 낮은 미생물을 포함.
위험 그룹 2는 개인에게 중간 정도의 위험이지만, 지역 사회에는 낮은 위험을 주는 미생물을 포함.
위험 그룹 3은 개인에게 높은 위험이지만, 지역 사회에는 낮은 위험을 주는 미생물을 포함. 효율적 치료와 예방적인 조치가 가용하다.
위험 그룹 4는 개인과 지역 사회에 높은 위험을 주는 미생물을 포함; 보통 효율적이고 예방적인 조치가 가용하지 않다.

박테리아 분류에서의 변화는 의학 미생물학에 영향을 미친다. 결장암(colon carcinoma)과 관련된 종인 *Streptococcus bovis*는 *Streptococcus gallolyticus*로 이름이 바뀌었다. 이러한 변화를 모르면, 심각한 상황을 과소 진단(underdiagnosis)을 할 수 있다. 새 이름을 옛 이름과 함께 보고하여 그와 같은 문제를 막는 방안이 예를 들면, *Streptococcus gallolyticus* [*Streptococcus bovis*]와 같이 보고하는 방식이 제안되었다(van't Wout & Bijlmer 2005).

Mycobacterium 속의 몇 '종'은 인간 호흡계에 병을 일으킨다. 4종(*Mycobacterium tuberculosis*, *Mycobacterium africanum*, *Mycobacterium bovis*, *Mycobacterium microti*)은 오랫동안 단일 종의 변종(variant)으로 생각되어 왔고, *Mycobacterium tuberculosis* complex 또는 *M. bovis* complex로 간주되어 왔다. 이들 '종' 사이의 그리고 '종' 내에서의 변이는 26개의 유전자에서 시퀀스 변이를 조사한 결과 매우 낮아서 모두가 하나의 클론의 변종으로 보여진다.

*Yersinia pestis*는 벼룩을 통해 감염되는 페스트의 병원체로서 식품 매개 병원체(food-borne pathogen)인 *Yersinia pseudotuberculosis*의 클론으로 나타났다.

이와 같은 현상은 종의 유전적 다양성이 완전히 이해되지 않았었기 때문에 생긴 것이었다. 종의 유전적 다양성을 완전히 이해하기 위해선 종이 사는 모든 공간에 대하여 견본추출(sampling)이 이루어져야 한다. 대장균의 경우 이러한 접근에 의해 더 많은 유전적 다양성이 있음을 알게 되었다(Souza et al. 1999). 이렇기 때문에 종을 기술할 때에 적어도 5개의 분리균주를 사용하는 것을 추천하고 있는 것이다. 많은 종들의 개체군 구조는 다좌효소 전기영동(多座 酵素 電機泳動 multi-locus enzyme electrophoresis, MLEE)에 의하여 밝혀졌고(7.4. 개체군의 유전적 구조 참조), 후에 살림살이 유전자들을 시퀀싱함으로써 확인되었다.

박테리아는 이분열에 의하여 번식하므로 박테리아 개체군은 클론들로 구성되어 있다. 돌연변이는 이들 클론들에 변이와 다양성을 낳고, 유전자의 수평 전이에 의한 유전자 재조합(genetic recombination)이 또한 발생한다. 돌연변이와 재조합 강도 사이의 균형이 박테리아 종의 일반적인 개체군 구조를 결정한다. *Neisseria* sp.의 경우 재조합이 상대적으로 자유롭게 일어나, 클론적인 구조는 거의 검출되지 않는다. 반면에, *Salmonella enterica*는 재조합이 거의 일어나지 않아 높은 클론적인 개체군 구조를 갖는다. 그리하여 강한 아종 구조를 갖는다(Lan & Reeves 2001). 대장균은 알려진 형(form)들이 많이 있는데, *S. enterica*와 같이 강하지는 않지만 명백히 클론적이다. 밀접하게 연관된 클론들이 분석되면서 재조합이 대장균 클론들의 다양화에서 우세한 힘인 것으로 보였다(Guttman & Dykhuizen 1994). 수평 이동에 의한 유전자들의 획득은 클론들의 적응에 있어서 주요 인자이며, 또한 클론의 다양성 생성으로부터 3개 역(域)으로의 분기(divergence)에 이르는 모든 시간-틀(time-frame)에 걸쳐 있는 박테리아의 진화에서 주요 인자이다.

7.2. 단백질 시퀀스들 안의 분자적 표지(signatures)-분자적 마아커의 개발

박테리아 문인 *Aquificae* 문에 속하는 종들은 그램-음성의 간균으로 포자를 형성하지 않는 종들로서 절대적 극한 호열생물(strict extreme thermophilcs, 최적 성장은 통상적으로 65℃ 이상)이다. 대부분은 수소를 전자 공여체로, 산소를 전자 수용체로 이용하는 수소를 산화하는 박테리아이다. 에너지 원으로 티오황산염(thiosulfate) 또는 황이 사용되기도 한다. 많은 효소들이 열에 안정성을 갖고 있어서 산업적, 생물공학적 응용에서 관심이 높다. 현재 두 개의 과(*Hydrogenothermaceae*와 *Aquificaceae*)로 구성되어 있다.

신종을 *Aquificae* 문으로 배치(assignment) 하는 일은 현재 거의 전적으로 16S rDNA 시퀀스에 의거한 계통수 분석에 근거하고 있다. 따라서 *Aquificae* 문에 특이한 새로운 분자적 형질들을 찾는 것은 이 그룹의 박테리아를 동정하고 특징 규명을 함에 있어서 유용하게 된다. 특정 그룹의 박테리아에 국한되어 나타나는 유전자/단백질 시퀀스들 내에서 보전된 삽입과 결손(conserved inserts and deletions [indels] 또는 표지 시퀀스)과 같은 드문 유전적 변화는 *박테리아* 역(域)에서 주요 그룹들을 명확히 구분하고 판별할 수 있는 분자적 마아커의 개발에 대한 원천을 제공한다.

만약 삽입과 결손이 시퀀스의 보전적 지역에 존재하면, 다른 관련 있는 박테리아에서 또한 존재할 가능성이 많이 있는 것이다. Griffiths & Gupta (2006)은 널리 분포하는 4개의 단백질(DNA 중합효소[polymerase] 1, RNA 중합효소 ß'-소단위체, elongation factor Tu, glucose-inhibited protein A)에서 *Aquificae* 문의 종들에 특이적인 6개의 보존적인 삽입과 결손(또는 표지) 시퀀스를 찾아냈다. 그 다음 이들 유전자 단편들(fragments)에 대한 변질 프라이머(degenerate primers)를 만들어 PCR 증폭 후, 그 염기서열을 측정하고, 유전자 단편들을 연쇄시킨 자료 세트에 의거하여 진화계통수를 만들어 16S rDNA 시퀀스들에 근거한 계통수와 비교하였다. 그 결과, elongation factor Tu에 있는 삽입과 결손은 *Aquificaceae* 과에 대한 분자적 마아커를 제공할 것으로 추정되었다.

7.3. 진화

박테리아 진화에 대한 연구에서 박테리아 분류학의 역할에 대한 예로써 비브리오 科(*Vibrionaceae*) 안에서 공생의 진화 연구를 소개한다. 비브리오 科내에는 독립생활형(free-living)인 종과 공생 종들이 있고, 많은 종들이 *lux* 오페론을 가짐으로서 생체발광(biolumincescence)을 할 수 있다. 이러한 생체발광 종들은 많은 경우 해양 생물과 공생 관계(상호공생 및 병원성)를 형성한다. 이러한 비브리오가 농축되어 있는 일차 숙주를 섭식한 많은 이차 숙주에서 병의 원인이 되는 것이 증가하는 추세로 보고되고 있다.

동물 숙주에 정착(colonize)하기 위해서 상호공생(mutualistic) 박테리아와 병원성(pathogenic) 박테리아는 숙주의 방어 기작을 넘어야만 한다. 이렇기 때문에 양성(良性 benign)인 종(예, *Vibrio fisheri*)의 조직 정착(colonization)과 병원성 비브리오(예, *V. cholera*, *V. parahaemolyticus*)의 조직 정착 간에 유사성이 많다. 양성의 종과 병원성 종간의 숙주-조직 정착의 많은 특징들이 공통된 조상 기원으로부터 발생한 것으로 보여진다.

생화학적 또는 분자적 자료에 의한 기존의 연구들은 독립성 종과 공생 종간의 천이(transition)를 규명하지 못했었다. Nishiguchi & Nair (2003)은 비브리오 科(*Vibrionaceae*)에서 공생의 진화에 대한 연구를 3개 유전자(16S rDNA, *luxRI*, *gapA*)의 염기서열과 100개의 생화학 및 제한 절단 유형(restriction digest patterns) 특징들을 사용하여 *Vibrionaceae* 과내에서의 진화를 최초로 추정할 수 있었다. 이와 같은 접근 방식은 분류동물학(systematic zoology)과 분류식물학(systematic botany)에서 흔히 사용된다. 그 결과는 다음과 같았다: *Vibrionaceae*의 단원은 입증되지 않았다. 몇 개의 단계통들은 공생 비브리오를 갖고 있는데, 숙주의 종류(연체동물, 환형동물, 갑각류 또는 어류) 또는 공생 비브리오가 발견된 지리적 지역과 무관하였다. 이는 공생이 *Vibrionaceae* 과내에서 여러 번 일어났었다는 증거를 제공한다. 일부 독립생활형 종(*Vibrio fisheri*와 *Photobacterium leiognathi*)은 단원적이지 않았다. *Vibrio logei* 분리균주들(독립생활형과 공생형)은 다원적인 것으로 보였다(Nishiguchi & Nair 2003). 연어의 병원체(pathogen)인 *Vibrio salmonicida*는 독립생활형인 *Vibrio logei* 동족체(congener)로부터 진화하였을 것으로 추정되었다. *Vibrio logei*와 *Vibrio fisheri*를 포함하는 큰 단계통 안에 파묻혀 있는 *Photobacterium* 종의 존재들은 *Photobacterium*과 *Vibrio*가 단원적일 것을 시사하였다.

비브리오와 무척추 동물간의 연합(association)이 병원성 비브리오-인간의 상호작용보다 먼저 있었기 때문에, 조직 정착 기작은 상호공생자(mutualist)에 의해 먼저 사용되었고 나중에 병원성 비브리오-인간의 연합에서 조직 정착 기작이 사용된 것으로 보인다. 이러한 진화 양상이 계통수에 반영된 것으로 본다. 양성의 종에서 병원성 종의 전개가 어떻게 일어나는지를 규명하는 것은 중요한 연구 관심 분야이다.

7.4. 개체군의 유전적 구조

박테리아 개체군 안에서 유전적 변이를 측정하는 데에 MLEE가 사용되어왔다. 그리고 대장균, 살모넬라, 레지오넬라, *Neisseria*, *Haemophilus*를 포함하는 여러 속의 종들, 개체군들, 분리 균주들 간에서 전반적인 유전적 연관 정도를 측정하려는 데에도 MLEE가 사용되어 왔다. MLEE 분석은 여러 수용성 세포 효소들의 상대적 전기영동적 이동성(electrophoretic mobility)에 기초하여 균주들을 특징 규명한다. 전기영동 동안 단백질의 순 정전하(net electrostatic charge 즉, 이동율)는 그 아미노산 시퀀스에 의해 결정되므로, 한 효소의 이동성 변이체(electromorphs)는 해당하는 구조적 유전자 위치에서 대립유전자(alleles)로 동격화 할 수 있다. 160개의 *살모넬라* 균주들을 포함하는 *살모넬라* 개체군에 대한 MLEE 연구는 기본적으로 클론적 구조(clonal structure)를 가짐을 나타냈다.

개체군 내의 박테리아 균주들이 유전자형 면에서 구별되는지를 판정하는 연구 방식으로서, 게놈에 기반한 방법인 종전의 증폭된-단편 길이 다형현상(amplified-fragment length polymorphism, AFLP)을 발전시킨 '형광 증폭된-단편 길이 다형현상'(fluorescent amplified-fragment length polymorphism, FAFLP)이 개발되었다. FAFLP는 최근에 개발된, 균주의 형(型)을 판별하는(typing) 분자생물학적 기법이다. 원핵생물의 경우 FAFLP 자료는 MLEE에 의하여 얻은 결과와 잘 일치한다고 알려졌다(Arnold et al. 1999).

FAFLP 분석이 160개의 *살모넬라*[3] 균주들을 포함하는 *살모넬라* 개체군에 대하여 수행된 결과(Scott et al. 2002), MLEE의 결과를 폭 넓게 확인하였고 정밀성을 추가하였다: *살모넬라*는 두 종(*Salmonella enterica*와 *Salmonella bongori*)으로 구성되어 있고, *S. enterica*는 6개의 아종으로 나뉜다. FAFLP가 *살모넬라* 개체군 내에서 전체 게놈(whole-genome) 변이의 왜곡되지 않은(unbiased) 관점을 제공하므로, 개체군 연구에 사용할 수 있는 강력한, 융통성이 높은, 전체 게놈 방법임이 시사되었다(Scott et al. 2002). 참고로, 이전에 *S. typhi*로 지정된 이름의 현재 공인된 이름은 *S. enterica* subsp. *enterica* (serovar Typhimurium)이다(Tindall et al. 2005).

---

3) 1930년 이래, *살모넬라*의 분류는 혈청형 형별에 기반하였고, 2400개 이상의 혈청형이 기술되었다 (Moore et al. 2010).

Kenchappa et al. (2006)은 3명의 환자에서 분리된 8개의 *Staphylococcus epidermidis* 균주에 대하여 FAFLP 기법을 사용해서 유전자형 특징 규명을 하였다. 하나의 균주는 비병원성으로 보였으며, 같은 환자에서 분리된 다른 3개의 균주와 작지만 뚜렷한 차이를 나타냈다. 즉, 3개의 분리균주에서는 게놈 지역(genomic region)의 4곳에서 증폭이 없었지만, 하나의 분리균주에선 증폭이 관찰되었다. 이는 제한 효소의 절단 위치(restriction site) 시퀀스들에서 삽입과 결손에 의한 돌연변이(mutation)로 보였다. 그리고 해당되는 다형현상(polymorphism)들은 게놈상에서 각각의 열린 전사해독 틀(open reading frame, ORF)로 위치를 결정할 수 있었다.

7.5. 박테리아 종분화(Bacterial speciation)

*Enterococcus*는 인간의 장 미생물총(microbiota)의 <0.1%를 차지한다. *Enterococcus* 속의 두 종(*Enterococcus faecalis*와 *E. faecium*)은 병원에서 잘 전파하는 다항생제-내성(multidrug-resistant) 병원성 박테리아로 드러나고 있다. 그 이유는 무엇일까? *Enterococcus* 속은 동물들이 육상화한 같은 시기인 약 5억 년 전에 유래된 것(originated)으로 보여진다. 24개 *Enterococcus* 종, 5 개의 유관한 종들 및 다항생제-내성 병원성 *E. faecalis*와 *E. faecium*의 시퀀스들을 비교함으로써, 마지막 공통 조상으로부터 분기한 이후 *Enterococcus* 종들에 의해 획득된 126개 유전자가 규명되었다(Lebreton et al. 2017). 이들 유전자는 세포벽 개조(modification)와 스트레스 반응 기능이 많았다. *Enterococcus* 속의 종 분화 동안 획득되거나 상실된 유전자들을 분석한 결과, 탄수화물 대사에 요구되는 유전자들이 가장 유동이 많았음이 밝혀졌다. 육상화한 동물의 장내에서 여러 탄수화물에 대한 적응은 *Enterococcus* 속에서 종 분화(speciation)를 주도한 듯하였다. *Enterococcus* 속의 모든 종들은 항생제 노출, 소독, 기아 및 건조와 같은 환경 스트레스에 내성을 갖고 있다. 이는 육상에서의 삶에 대한 적응이 *Enterococcus* 속의 종들이 병원에서 잘 살도록 하여 주는 형질들을 선택한 것을 시사하는 것으로 보인다.

제8장 신종 논문의 구조, 작성 및 투고

조병철

국제학술지 IJSEM (*International Journal of Systematic and Evolutionary Microbiology*)은 박테리아와 단세포 진핵생물의 새 분류군들의 발표를 하기 위한 최고의 포럼이며, 새로운 원핵생물 분류군을 기록하는 공식적인 저널이다.

8.1. 신종 논문의 구조

IJSEM에 발표되는 신종 논문들은 일정한 구조를 갖고 있고, 본문의 기술은 논리적이어야 한다. 물론 다른 분야의 논문들처럼 논문 제목, 저자 및 소속, 초록, 본문, 사사(Acknowledgements) 및 참고문헌의 형태를 갖는다. 일반적으로, 본문에서는 먼저 새로운 균주가 분리된 상황 배경과 제안하려는 분류군을 포괄하는 분류군에 대한 현재의 분류 상태에 대해 간략히 소개한다. 가령 신종을 보고하고자 하면, 신종이 속한 속에 현재 어떤 종들이 있는가를 기술하고, 현존하는 종들의 특징에 대해 간략히 기술한다. 신속에 속한 신종을 보고하고자 한다면, 신속 신종이 속해 있는 과(family)에 현재 어떤 속들이 있는가를 기술하고, 현존하는 속들의 특징에 대해 간략히 기술한다. 다음엔 일상적인 배양(cultivation)과 보존에 대해서 기술한다. 그리고 16S rDNA 시퀀스 분석과 결과, 계통수, 가장 가까운 진화계통상의 이웃들을 확인함에 대한 기술이 따르고, 신종과 선택된 타입 균주(가장 가까운 진화계통상의 이웃)들에 대한 통상적인 표현형 테스트 결과에 대한 기술이 있게 된다. 그리고 신종 균주의 표현형 형질들은 표에 제시되어 있고 종의 기술(species description) 란에 제시되어 있다는 문장이 따른다. 다음엔 지방산, 극성 지질, 키논, G+C % 함량에 대한 방법과 결과에 대한 기술이 있게 된다. 신종의 지방산 분석 결과가 가깝게 연관된 종들과 명백하게 구별되는 경우 본문의 표에 제시하고, 그렇지 않으면 보충 자료(Supplementary data)에서 제시한다. 필요하면 DDH에 대한 방법과 결과에 대한 기술이 포함된다[4]. 그리고 결론과 공식적인 새 분류군

---

4) 특징 규명에 대한 모든 실험이 완료된 후에, 한 번 더 실험을 실시하여 실험 결과들을 재확인하는 것을 추천한다.

(종)의 기술이 따른다.

종의 기술(the protologue, 종의 기술 부분)에선 모든 자료가 사용되며, 그 순서는 다음과 같다: 신종 종명의 기술, 종명의 어원(etymology)이 포함되며 종명에 대한 설명과 라틴어 어원을 기술한다. 세포 형태(cell morphology), 대략적인 크기와 운동성; 콜로니 형태, 콜로니의 색깔(colour), 색소(pigments); 성장이 가능한 배지; 성장 온도의, 성장 pH의, 그리고 성장 NaCl 농도의 범위와 최적 조건; 생화학적 형질들(만약에 상업적 키트가 사용되었다면 명확하게 언급); 항생제 감수성(susceptibility); 화학분류학 자료(주요 지방산; 각각의 %는 언급하지 않음, 극성 지질, 폴리아민, 키논); DNA G+C % 함량; 타입 균주와 타입 균주가 분리된 원(源 source)과 분리된 源의 장소에 대한 기술이 포함된다. 종의 기술은 현재형 시제로 한다. 종의 기술 끝 부분과 초록에는 반드시 미생물균주 보존기관에서 발급한 취득 번호(accession number)를 제시한다.

8.2. 신종 논문 작성

신종 논문을 작성하려는 저자들은 제안하려는 신종이 속한 분류군의 최소 표준안(the Minimal Standards)이 있는가 조사하고, 있는 경우에는 해당되는 최소 표준안을 주의 깊게 읽어 보아야 한다. 특히, 보고하려는 신종이 처음으로 접하게 된 분류군인 경우, 해당되는 제안된 최소 표준안(예, BOX 9 참조)을 먼저 읽고 분석에 들어갈 것을 권한다. 그리하여 반드시 수행할 필요가 있는 가장 중요한 테스트들이 확실히 수행되도록 해야 한다. 최소 표준안은 신종을 기술하는데 있어서 요구되는 여러 분석 항목들과 거기에 깔려 있는 개념들을 이해하는 데에 도움이 된다. 최근 *Bifidobacterium*, *Lactobacillus* 및 관련된 속들에 속하는 새로운 분류군을 기술하기 위해 마련된 최소 표준안(Mattarelli et al. 2014)은 꼭 테스트해야 하는 25개의 표현형 특징들과 1개의 화학분류학적 기준(즉, 펩티도글리칸 타입)을 규정하고 있다.

새로운 분류군의 기술을 위한 최소 표준안은 분류학 분과위원회(Subcommittees on Taxonomy)에 의하여 사법 위원회(Judicial Commission)를 거쳐 ICSP로 제안된다. 발표된 신종의 타당성을 확립하기 위해서, 최소한으로 평가해야 할 형질들과 방법들의 리스트를 제안한다. 이러한 제안은 사법 위원회의 요청에 의해서 정기적 간격으로 재심사를 받고, ICSP에 의해 채택된 후에 IJSEM에 그리고 다른 미생물학 저널에 발표된다. 사법 위원회는 박테리아 분류학 분야 전문가의 요청이 있으면, 그러한 증거가 충분하다고 간주될 경우 최소 표준안의 개정을 요청한다(Lapage et al. 1992).

BOX 9: *Flavobacteriaceae* 과의 새로운 분류군을 기술하기 위해 제안된 최소 표준안

박테리아 코드(1990 개정판)의 30b 추천안은(Lapage et al. 1992) 새로운 박테리아 분류군 기술을 위한 최소 표준안의 개발을 요청한다. 이에 상응하여 *Flavobacteriaceae* 과 내의 새로운 속과 종의 기술을 위한 최소 표준안이 제안되었다(Bernardet et al. 2002). 그 내용의 주요 골자는 일반적 원리들, *Flavobacteriaceae* 과에서 분류된 속들의 기술에 대한 최소 표준들, 그리고 *Flavobacteriaceae* 과에서 분류된 종들의 기술에 대한 최소 표준들로 되어 있다.

일반적 원리들은 *Flavobacteriaceae* 과에 속하는 신종을 기술하는 틀을 제공하려는 것이며, 측정이 권장되는 특징들의 목록이 길고 지나쳐 보일 수도 있다. 최소 표준들은 불완전하게 특징이 규명된 새로운 분류군의 발표를 막으려는 것이다. 그러한 분류군들은 박테리아의 명명을 혼란스럽게 할 수 있기 때문이다.

Flavobacteriaceae 과에 속하는 신종의 기술은 다상 분류학적 방식에 따라 박테리아 유전체의 가능한 많은 부분을 고려할 수 있도록, 많은 다양한 표현형 및 분자적 특성에 기반해야 함을 강조한다. 언급된 주요 내용들은 다음과 같다: *Flavobacteriaceae* 과내 모든 종들의 성장을 지지해주는 하나의 배지는 권장될 수 없기 때문에, 균주들을 연구하기 전에 최적의 성장 배지와 최적 성장 조건들을 결정하는 것이 좋다. 배양체들의 순수성(purity)은 입체현미경 하에서 한천(寒天 agar) 평판을 세밀하게 검사하여 확인해야 한다. 모든 연구는 활발하게 자라는 배양체(culture)에 대해 수행되어야 한다. 가능한 많은 균주(적어도 2개의 균주)를 사용하는 것이 바람직하다. 하나의 균주만이 얻어졌을 때는 광범위한 표현형, 유전체, 진화계통 연구를 수행하여 모든 연관된 종들과 유의하게 다름을 확실히 해야 한다. 새로운 분리균주들은 동결건조, 또는 액체 질소에 저장, 또는 섭씨 영하 80도에 보존되어야 한다.

모든 관련된 종들의 타입 균주들은 비교 실험에 포함되어야 한다. 정렬과 진화계통 연구에 사용된 계통수 알고리즘들은 언급되어야 한다. 계통수는 적어도 3개의 방법으로 만들어져야 한다. 붓스트랩 분석을 하여 분지(branching)의 신뢰성이 통계적으로 평가되어야 한다. 새로운 16S rRNA 유전자 서열은 잘 알려진 데이터베이스에 기탁하고, 취득 번호는 종의 기술에 포함한다. 데이터베이스에 기탁할 때 새로운 16S rRNA 유전자 서열은 실험실에서 정한 균주명으로 기탁하며, 균주의 미생물균주 보존기관 취득 번호에 대한 정보를 기재할 수 있다. 16S rRNA 외에 다른 분자들의 시퀀스(예, *gyrB*)가 진화계통 정보를 제공할 수도 있다.

새로운 속이 기술될 때에는 타입 종이 지정되어야 하고, 타입 균주는 모든 각 신종에 대해서 지정되어야 한다. 박테리아 코드(1990 개정판)의 30a 추천 안은(Lapage et al. 1992) 모든 타입 균주들을 미생물균주 보존기관에 기탁할 것을 요청하고 있다. 지금은 두 나라의 미생물균주 보존기관에 기탁하여야 한다.

새로운 분류군의 기술에 포함된 모든 분류학적 방법들은 상세히 기술되거나, 영어로 발표된 적절한 참고문헌들이 주어져야 한다. 제안된 신종에 대한 비교 연구에 사용된 균주들의 표현형 기술은 발표된 자료에 기반하지 않고, 직접 저자들의 실험실에서 수행한 테스트에 기반하여야 한다. 이는 결과들의 비교가능성을 보장하기 위함이다. 실제로 다른 연구자들이 같은 균주들을 조사하였을 때, *Flavobacteriaceae* 과에서 분류된 일부 종들의 표현형 특징에서 차이가 관찰되는 경우가 있었다. 상업적 키트들(API ZYM, API 50CH, API 20E, Biolog 등)이 사용될 수 있지만, 제조사에 의해 권장되는 온도에서(즉, 30℃) 자라야 한다. 그러므로 낮은 온도에서 자라는 균주들로부터 얻은 결과들은 주의하여 해석해야 한다.

Flavobacteriaceae 과의 어떤 분류군들은 배양하는 것이 까다로울 수 있다. 이 경우는 위에서 언급된 일반적 원리의 적용과 권장하는 최소 표준안에서 융통성을 필요로 한다.

새로운 분류군의 기술은 IJSEM에 발표되는 것이 바람직하다. 다른 저널에 발표된 경우, IJSEM으로 리프린트(reprint)를 보내어 빠르게 Validation Lists에 포함되도록 한다.

Flavobacteriaceae 과에서 분류된 속들의 기술에 대한 최소 표준들에서는 속들을 구분하는 주요 특이한 특징들을 열거하고, 이들 특징들을 측정하는데 사용되는 테스트들이 새로운 속을 구분하는 최소 표준들로써 고려되어야 한다고 제안하였다. 그리고 색소 측정, 미끄러짐 운동, 염분 요구, 지방산 프로필 측정 및 DNA G+C 몰% 측정에 대한 권장 절차들이 기술되었다.

Flavobacteriaceae 과에서 분류된 종들의 기술을 위한 최소 표준들에서는 종을 구분하는데 관련된 표현형 특징들, 유전체 분석, 세포 전체(whole-cell) 단백질 분석, 숙주와의 관계, 그리고 아종의 인지에 대하여 설명하고 있다. 종을 구분하는데 사용될 주요 표현형 특징들의 자료를 얻는데 사용하는 권고된 테스트들이 새로운 종의 기술을 위한 최소 표준들을 만든다고 하였다. 그리고 *Flavobacteriaceae* 과내의 주요 분류군들에 대하여 최소한도로 필요한 측정 사항들을 제시하였다. 특정의 방법이 언급되지 않으면, 표준적이며 잘 기술된 방법들과 테스트들이 사용되어야 한다.

유전체 분석에서는 이웃하는 종들에 대한 관계는 DDH에 의해 측정되어야 한다고 언급하고 있다. *Flavobacteriaceae* 과에서 분류된 종들에 대해 수행된 대부분의 DDH 실험은 70% 기준 값이 이들 분류군에도 해당한다고 하였다. 그리고 유전체 연구에 사용되는 원핵생물의 DNA가 온전한지는 한천 겔(agarose gel)에서 점검해야 한다고 권장한다. 신종을 구분하는데 있어서 16S rRNA 분석이 유일한 유전체적 방법이어서는 안 된다고 강조한다.

세포 전체 단백질 분석에서는 *Flavobacteriaceae* 과의 *Myroides* 속과 *Riemerella* 속의 종들은 종들을 구분하는데 가용한 특징들이 적지만, 단백질 프로필(SDS-PAGE)에 의해 즉각 구별되기 때문에 이 방법은 중요하다고 언급하였다.

숙주와의 관계에서는 *Flavobacteriaceae* 과의 일부 종들은 편리공생(commensal), 또는 병원체, 또는 기회적 병원체임을 언급하였고, 신종이 임상 또는 수의학 시료로부터 분리되었다면 숙주에 대한 병인성(pathogenicity)에 대한 자료를 가용한 경우 제공할 것을 권장하였다.

그리고 아종의 인지에서는 균주들 간에 높은 DNA 상동성을 나타내는데, 일부 균주들은 다른 균주들과 표현형적으로 차이를 나타낸다면, 아종의 위계를 줄 수 있다. 그러나 정보가 제한된 경우, 생물형(biovar), 병원형(病源型 pathovar), 또는 혈청형(serovar)과 같은 형용어를 사용하는 것이 좋다고 권장하였다. 이 제안들은 ICSP (International Committee on Systematics of Prokaryotes)의 *Flavobacterium*과 *Cytophaga*-같은 박테리아 분류학 소위원회의 위원들에 의해 승인되었다.

8.2.1. 신종 논문 준비 과정

예를 들어, 분리된 균주들의 16S rDNA 시퀀스 분석을 통해 신종(novel species)에 해당되는 것으로 추정되어 신종 발표 논문을 준비하고자 하면, 먼저 신종이 속해 있는 속(genus)에 어떤 종들이 있는가를 조사하고 해당되는 논문을 인터넷 상에서 확보한다. 또한 최근에 새로 보고된 신종이 있는가를 확인해야 한다. 즉, 주요 국제학술지(예, IJSEM과 Antonie van Leeuwenhoek)의 홈페이지를 체크하여 관련된 신종 논문이 채택되어 인쇄중(in press)에 있다면, 속에 대한 최근의 분류적 상태의 기술 및 계통수에 포함시킨다. 발표하려는 신종과 유사도가 높고 같은 클러스터에 묶이는 타입 균주(들)의 경우, 분석시에 비교할 균주(들)로 선정하여 확보하고 비교 분석을 해야 하고, 그 결과들을 표에 제시하고 토의한다. 적절한 타입 균주를 비교 실험에 포함하지 않아서 논문 게재가 지연되는 사례가 가끔 발생한다.

신종 논문을 발표하는 과정의 개요를 나타내자면 아래(그림 6)와 같다.

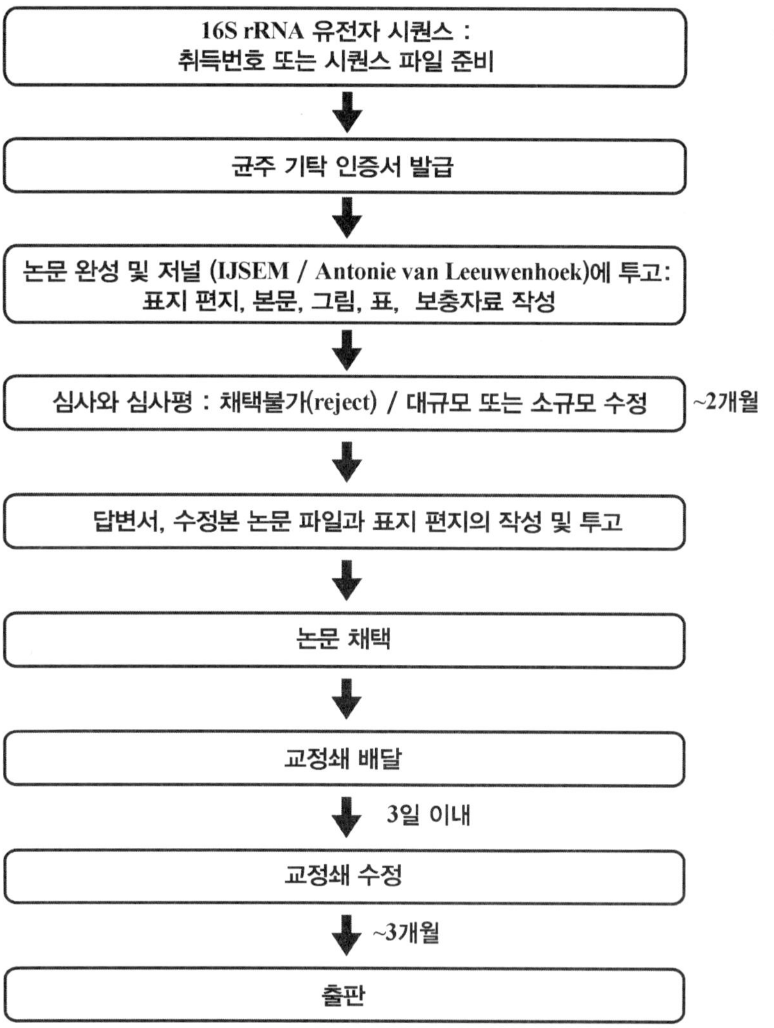

그림 6. 신종 논문을 발표하는 과정의 개요.

분석 실험을 진행하는 동안에 배양센터 두 곳(국내와 국외)에 균주를 기탁하고 인증서(Certificate of deposition)를 받도록 한다. 인증서를 받는데 통상적으로 시간이 1~2달 소요된다. 투고 시점에는 16S rDNA 시퀀스가 GenBank 데이터베이스에 공개(released) 되어 있는 것이 좋다. 그렇지 않을 경우, 신종 균주의 16S rDNA 시퀀스를 보충 자료로 제출해야 한다.

게놈 시퀀스가 논문에 포함된다면, 논문 투고 시점에 공공의 데이터베이스에 공개되어 있는 것이 좋다. 그리고 GenBank/EMBL/DDBJ 취득 번호(16S rRNA 유전자와 게놈)는 논문의 기술 부분에 제시되어야 한다.

모든 논문 투고 준비(본문과 그림, 표, 그리고 보충 자료들 작성)가 끝나면 투고 논문에 대한 간단한 소개를 하는 표지 편지(Cover letter)와 함께 IJSEM 저널 싸이트에 투고를 한다. 논문 심사(review)는 1~2 달 정도 걸리며, 심사평(comments)과 함께 심사결정(decision)에 대한 연락이 편집자(Editor)에게서 온다. 심사평에 대한 답장을 각 항목별로 작성한 후, 간단한 표지 편지와 함께 저널 싸이트에서 수정본을 투고하면 된다. 소규모 수정(minor revision)의 경우 편집자가 최종 결정을 하며 채택되게 된다. 경우에 따라 추가적인 간단한 논평이 있을 수도 있다. 그러한 경우, 보충 실험 또는 확인을 한 후 논문을 수정하여 재투고하면 된다. 대규모 수정의 경우도 수정본 작성 후 재투고하는 요령과 과정은 소규모 수정의 경우와 유사하나, 심사자들에 의해 다시 심사를 받게 된다.

채택이 되면, 곧 교정쇄(proof)가 지자에게 배달되고, 통상 3일 이내에 교정 작업을 마치며 발표 단계로 들어간다. 최근에는 교정 작업이 끝나고 논문이 발표되는 기간이 많이 짧아졌다(종전엔 거의 1년이 소요됨).

8.2.2. 신종 연구의 발표와 전망

앞에서 살펴본 바와 같이 원핵생물 신종의 동정 및 보고는 대체로 정형화된 방식을 따르고 있어, 표준 절차를 준수하면 비교적 손쉽게 할 수 있다. 아직까지 공식적으로 발표된 원핵생물의 종 수는 예측되는 총 종 수에 비해 아주 미비한 수준이며, 앞으로도 수 많은 원핵생물이 발견되어질 것이다.

원핵생물이 가지고 있는 높은 계통학적 다양성 및 생리적 능력과 지속적인 분석기술들의 발전을 고려하면, 신종의 분리, 규명 및 보고는 원핵생물 분류학뿐만 아니라 다양한 학문 분야 발전의 기초가 되고, 환경의 이해와 삶의 질 향상에도 연관되어, 신종 연구는 꾸준히 발전될 것으로 본다.

참고문헌

Abreu F, Martins JL, Silveira TS, Keim CN, de Barros HG, Filho FJ, Lins U. (2007). '*Candidatus* Magnetoglobus multicellularis', a multicellular, magnetotactic prokaryote from a hypersaline environment. Int J Syst Evol Microbiol. **57**: 1318–1322.

Alauzet C, Marchandin H, Courtin P, Mory F, Lemée L, Pons JL, Chapot-Chartier MP, Lozniewski A, Jumas-Bilak E. (2014). Multilocus analysis reveals diversity in the genus *Tissierella*: description of *Tissierella carlieri* sp. nov. in the new class *Tissierellia* classis nov. Syst Appl Microbiol. **37**: 23-34.

Allgaier M, Uphoff H, Felske A, Wagner-Döbler I. (2003). Aerobic anoxygenic photosynthesis in *Roseobacter* clade bacteria from diverse marine habitats. Appl Environ Microbiol. **69**: 5051–5059.

Amakata D, Matsuo Y, Shimono K, Park JK, Yun CS, Matsuda H, Yokota A, Kawamukai M. (2005). *Mitsuaria chitosanitabida* gen. nov., sp. nov., an aerobic, chitosanase-producing member of the '*Betaproteobacteria*'. Int J Syst Evol Microbiol. **55**: 1927-1932.

Amaral GR, Dias GM, Wellington-Oguri M, Chimetto L, Campeão ME, Thompson FL, Thompson CC. (2014). Genotype to phenotype: identification of diagnostic vibrio phenotypes using whole genome sequences. Int J Syst Evol Microbiol. **64**: 357–365.

Andam CP, Choudoir MJ, Nguyen AV, Park HS, Buckley DH. (2016). Contributions of ancestral inter-species recombination to the genetic diversity of extant lineages. ISME J. **10**: 1731–1741.

Antón J, Oren A, Benlloch S, Rodríguez-Valera F, Amann R, Rosselló-Móra R. (2002). *Salinibacter ruber* gen. nov., sp. nov., a novel, extremely halophilic member of the *Bacteria* from saltern crystallizer ponds. Int J Syst Evol Microbiol. **52**: 485-491.

Arnold C, Metherell L, Willshaw G, Maggs A, Stanley J. (1999). Predictive fluorescent amplified-fragment length polymorphism analysis of *Escherichia coli*: high-resolution typing method with phylogenetic significance. J Clin Microbiol. **37**: 1274-1279.

Auch AF, von Jan M, Klenk H-P, Göker M. (2010a). Digital DNA–DNA hybridization for microbial species delineation by means of genome-to-genome sequence comparison. Stand Genomic Sci. **2**: 117–134.

Auch AF, Klenk H-P, Göker M. (2010b). Standard operating procedure for calculating genome-to-genome distances based on high-scoring segment pairs. Stand Genomic Sci. **2**: 142–148.

Badger JH, Eisen JA, Ward NL. (2005). Genomic analysis of *Hyphomonas neptunium* contradicts 16S rRNA gene-based phylogenetic analysis: implications for the taxonomy of the orders '*Rhodobacterales*' and *Caulobacterales*. Int J Syst Evol Microbiol. **55**: 1021-1026.

Bae GD, Hwang CY, Kim HM, Cho BC. (2010). *Salinisphaera dokdonensis* sp. nov., isolated from surface seawater. Int J Syst Evol Microbiol. **60**: 680-685.

Bankevich A, Nurk S, Antipov D, Gurevich AA, Dvorkin M, Kulikov AS, Lesin VM, Nikolenko SI, Pham S, Prjibelski AD, Pyshkin AV, Sirotkin AV, Vyahhi N, Tesler G, Alekseyev MA, Pevzner PA. (2012). SPAdes: a new genome assembly algorithm and its applications to single-cell sequencing. J Comput Biol. **19**: 455–477.

Barka EA, Vatsa P, Sanchez L, Gaveau-Vaillant N, Jacquard C, Klenk H-P, Clément C, Ouhdouch Y, van Wezel GP. (2016). Taxonomy, physiology, and natural products of *Actinobacteria*. Microbiol Mol Biol Rev. **80**: 1–43.

Baumann P, Baumann L, Bowditch RD, Beaman B. (1984). Taxonomy of *Alteromonas*: *A. nigrifaciens* sp. nov., nom. rev.; *A. macleodii* and *A. haloplanktis*. Int J Syst Bacteriol. **34**: 145-149.

Bazylinski DA, Williams TJ, Lefèvre CT, Berg RJ, Zhang CL, Bowser SS, Dean AJ, Beveridge TJ. (2013). *Magnetococcus marinus* gen. nov., sp. nov., a marine, magnetotactic bacterium that represents a novel lineage (*Magnetococcaceae* fam. nov., *Magnetococcales* ord. nov.) at the base of the *Alphaproteobacteria*. Int J Syst Evol Microbiol. **63**: 801-808.

Bernardet JF. (2010). Class II. Flavobacteriia class. nov. pp. 105-330. In *Bergey's manual of Systematic Bacteriology*. 2nd Ed. Volume 4: *The Bacteroidetes, Spirochaetes, Tenericutes (Mollicutes), Acidobacteria, Fibrobacteres, Fusobacteria, Dictyoglomi, Gemmatimonadetes, Lentisphaerae, Verrucomicrobia, Chlamydiae*, and *Planctomycetes*. Krieg NR, Ludwig W, Whitman W, Hedlund BP, Paster BJ, Staley JT, Ward N, Brown D, Parte A. (Eds.)

Bernardet JF, Nakagawa Y, Holmes B. (2002). Proposed minimal standards for describing new taxa of the family *Flavobacteriaceae* and emended description of the family. Int J Syst Evol Microbiol. **52**: 1049–1070.

Beveridge TJ, Lawrence JR, Murray RGE. (2007). Sampling and staining for light microscopy. In *Methods for General and Molecular Microbiology*, pp. 19–33. Edited by Reddy CA, Beveridge TJ, Breznak TA, Marzluf GA, Schmidt TM and Snyder LR. Washington, DC: American Society for Microbiology.

Biebl H, Allgaier M, Lunsdorf H, Pukall R, Tindall BJ, Wagner-Döbler I. (2005a). *Roseovarius mucosus* sp. nov., a member of the *Roseobacter* clade with trace amounts of bacteriochlorophyll *a*. Int J Syst Evol Microbiol. **55**: 2377-2383.

Biebl H, Allgaier M, Tindall BJ, Koblizek M, Lünsdorf H, Pukall R, Wagner-Döbler I. (2005b). *Dinoroseobacter shibae* gen. nov., sp. nov., a new aerobic phototrophic bacterium isolated from dinoflagellates. Int J Syst Evol Microbiol. **55**: 1089-1096.

Biebl H, Tindall BJ, Pukall R, Lünsdorf H, Allgaier M, Wagner-Döbler I. (2006). *Hoeflea phototrophica* sp. nov., a novel marine aerobic alphaproteobacterium that forms bacteriochlorophyll *a*. Int J Syst Evol Microbiol. **56**: 821-826.

Birrien J-L, Zeng X, Jebbar M, Cambon-Bonavita M-A, Quérellou J, Oger P, Bienvenu N, Xiao X, Prieur D. (2011). *Pyrococcus yayanosii sp.* nov., an obligate piezophilic hyperthermophilic archaeon isolated from a deep-sea hydrothermal vent. Int J Syst Evol Microbiol. **61**: 2827-2831.

Bobay LM, Ochman H. (2017). Biological species are universal across life's domains. Genome Biol Evol. **9**: 491–501.

Bohannon J. (2008). Confusing kinships. Science. **320**: 1031-1033.

Bolger AM, Lohse M, Usadel B. (2014). Trimmomatic: A flexible trimmer for Illumina sequence data. Bioinformatics. **30**: 2114-2120.

Bosshard PP, Zbinden R, Altwegg M. (2002). *Paenibacillus turicensis* sp. nov., a novel bacterium harbouring heterogeneities between 16S rRNA genes. Int J Syst Evol Microbiol. **52**: 2241-2249.

Bowers RM, McCubbin IB, Hallar AG, Fierer N. (2012). Seasonal variability in airborne bacterial communities at a high-elevation site. Atmos Environ. **50**: 41–49.

Brady CL, Cleenwerck I, Venter SN, Coutinho T, De Vos P. (2013). Taxonomic evaluation of the genus *Enterobacter* based on multilocus sequenceanalysis (MLSA): proposal to reclassify *E. nimipressuralis* and *E. amnigenus* into *Lelliottia* gen. nov. as *Lelliottia nimipressuralis* comb. nov. and *Lelliottia amnigena* comb. nov., respectively, *E. gergoviae* and *E. pyrinus* into *Pluralibacter* gen. nov. as *Pluralibacter gergoviae* comb. nov. and comb. nov., respectively, *E. cowanii, E. radicincitans, E. oryzae* and *E. arachidis* into *Kosakonia* gen. nov. as *Kosakonia cowanii* comb. nov., *Kosakonia radicincitans* comb. nov., *Kosakonia oryzae* comb. nov. and *Kosakonia arachidis* comb. nov., respectively, and *E. turicensis, E. helveticus* and *E. pulveris* into *Cronobacter* as *Cronobacter zurichensis* nom. nov., *Cronobacter helveticus* comb. nov. and *Cronobacter pulveris* comb. nov., respectively, and emended description of the genera *Enterobacter* and *Cronobacter*. Syst Appl Microbiol. **36**: 309–319.

Bryant DA, Costas AM, Maresca JA, Chew AG, Klatt CG, Bateson MM, Tallon LJ, Hostetler J, Nelson WC, Heidelberg JF, Ward DM. (2007). *Candidatus* Chloracidobacterium thermophilum: an aerobic phototrophic Acidobacterium. Science. **317**: 523-526.

Budinoff CR, Dunlap JR, Hadden M, Buchan A. (2011). *Marivita roseacus* sp. nov., of the family *Rhodobacteraceae*, isolated from a temperate estuary and an emended description of the genus *Marivita*. J Gen Appl Microbiol. **57**: 259-267.

Bushnell B. (2014). BBMap: a fast, accurate, splice-aware aligner. LBNL Department of Energy Joint Genome Institute, Walnut Creek, CA.

Busse H-J, Auling G. (1988). Polyamine pattern as a chemotaxonomic marker within the *Proteobacteria*. Syst Appl Microbiol. **11**: 1–8.

Busse H-J. (2011). Polyamines. Methods Microbiol. **38**: 239–259.

Cato EP, Moore WEC, Nygaard G, Holdeman LV. (1984). *Actinomyces meyeri* sp. nov., specific epithet rev. Int J Syst Bacteriol. **34**: 487-489.

Cho BC, Hardies SC, Jang GI, Hwang CY. (2018). Complete genome of streamlined marine actinobacterium *Pontimonas salivibrio* strain CL-TW6^T adapted to coastal planktonic lifestyle. BMC Genomics. **19**: 625.

Cho BC, Jang GI. (2014). Active and diverse rainwater bacteria collected at an inland site in spring and summer 2011. Atmos Environ. **94**: 409–416.

Choi DH, Cho JC, Giovannoni S, Cho BC. (2007). *Maribius salinis* gen. nov., sp. nov., isolated from a solar saltern and *Maribius pelagius* sp. nov., cultured from the Sargasso

Sea, belonging to the *Roseobacter* clade. Int J Syst Evol Microbiol. **57**: 270-275.

Choi DH, Kim Y-G, Hwang CY, Yi H, Chun J, Cho BC. (2006). *Tenacibaculum litoreum* sp. nov., isolated from tidal flat sediment. Int J Syst Evol Microbiol. **56**: 635-640.

Choo Y-J, Lee K, Song J, Cho JC. (2007). *Puniceicoccus vermicola* gen. nov., sp. nov., a novel marine bacterium, and description of *Puniceicoccaceae* fam. nov., *Puniceicoccales* ord. nov., *Opitutaceae* fam. nov., *Opitutales* ord. nov. and *Opitutae* classis nov. in the phylum '*Verrucomicrobia*'. Int J Syst Evol Microbiol. **57**: 532-537.

Christensen H, Bisgaard M, Frederiksen W, Mutters R, Kuhnert P, Olsen JE. (2001). Is characterization of a single isolates sufficient for valid publication of a new genus or species? Proposal to modify Recommendation 30b of the *Bacteriological Code* (1990 Revision). Int J Syst Evol Microbiol. **51**: 2221-2225.

Chun J, Lee J-H, Jung Y, Kim M, Kim S, Kim BK, Lim YW. (2007). EzTaxon: a web-based tool for the identification of prokaryotes based on 16S ribosomal RNA gene sequences. Int J Syst Evol Microbiol. **57**: 2259-2261.

Chun J, Oren A, Ventosa A, Christensen H, Arahal DR, da Costa MS, Rooney AP, Yi H, Xu XW, De Meyer S, Trujillo ME. (2018). Proposed minimal standards for the use of genome data for the taxonomy of prokaryotes. Int J Syst Evol Microbiol. **68**: 461-466.

Clayton RA, Sutton G, Hinkle Jr PS, Bult C, Fields C. (1995). Intraspecific variation in small-subunit rRNA sequences in GenBank: why single sequences may not adequately represent prokaryotic taxa. Int J Syst Bacteriol. **45**: 595-599.

Coenye T, Vandamme P. (2003). Intragenomic heterogeneity between multiple 16S ribosomal RNA operons in sequenced bacterial genomes. FEMS Microbiol Lett. **228**: 45-49.

Cohan FM. (2002). What are bacterial species? Annu Rev Microbiol. **56**: 457-487.

Cole JR, Wang Q, Cardenas E, Fish J, Chai B, Farris RJ, Kulam-Syed-Mohideen AS, McGarrell DM, Marsh T, Garrity GM, Tiedje JM. (2009). The Ribosomal Database Project: improved alignments and new tools for rRNA analysis. Nucleic Acids Res. **37**: D141-145.

Collins MD. (1985). Isoprenoid quinone analysis in classification and identification. In *Chemical Methods in Bacterial Systematics*, pp. 267-287. Edited by Goodfellow M & Minnikin DE. London: Academic Press.

Conrads G, Citron DM, Tyrrell KL, Horz HP, Goldstein EJ. (2005). 16S-23S rRNA gene internal transcribed spacer sequences for analysis of the phylogenetic relationships among species of the genus *Porphyromonas*. Int J Syst Evol Microbiol. **55**: 607-613.

De Vos P, Garrity GM, Jones D, Krieg NR, Ludwig W, Rainey FA, Schleifer KH, Whitman WB. (2009). *Bergey's Manual of Systematic Bacteriology*. 2nd^{Ed}. Volume 3: The Firmicutes. New York: Springer.

Dellaglio F, Felis G, Germond J. (2004). Should names reflect the evolution of bacterial species? Int J Syst Evol Microbiol. **54**: 279-281.

Devos DP, Reynaud EG. (2010). Intermediate steps. Science. **330**: 1187-1188.

Dzink JL, Sheehan MT, Socransky SS. (1990). Proposal of three subspecies of *Fusobacterium nucleatum* Knorr 1922: *Fusobacterium nucleatum* subsp. *nucleatum* subsp. nov., comb. nov.; *Fusobacterium nucleatum* subsp. *polymorphum* subsp. nov., nom. rev., comb. nov.; and *Fusobacterium nucleatum* subsp. *vincentii* subsp. nov., nom. rev., comb. nov. Int J Syst Bacteriol. **40**: 74-78.

Emerson D, Rentz JA, Lilburn TG, Davis RE, Aldrich H, Chan C, Moyer CL. (2007). A novel lineage of proteobacteria involved in formation of marine Fe-oxidizing microbial mat communities. PLoS One. **2**: e667.

Euzéby JP. (2007). Proposal to modify rule 8 of the *Bacteriological Code* (1990 revision). Int J Syst Evol Microbiol. **57**: 1672.

Euzéby JP. (2013). List of Bacterial Names with Standing in Nomenclature: a folder available on the Internet. (Last full update:June 2013) http://www.bacterio.net/.

Felis GE. Dellaglio F. (2007). On species descriptions based on a single strain: proposal to introduce the status species *proponenda* (sp. pr.). Int J Syst Evol Microbiol. **57**: 2185-2187.

Field EK, Sczyrba A, Lyman AE, Harris CC, Woyke T, Stepanauskas R, Emerson D. (2015). Genomic insights into the uncultivated marine *Zetaproteobacteria* at Loihi Seamount. ISME J. **9**: 857-870.

Figueras MJ, Alperi A, Guarro J, Martínez-Murcia AJ. (2006). Genotyping of isolates included in the description of a novel species should be mandatory. Int J Syst Evol Microbiol. **56:** 1-2.

Fournier PE, Raoult D. (2009). Current knowledge on phylogeny and taxonomy of *Rickettsia* spp. Ann N Y Acad Sci. **1166**: 1-11.

Fox GE, Wisotzkey JD, Jurtshuk Jr.P. (1992). How close is close: 16S rRNA sequence identity may not be sufficient to guarantee species identity. Int J Syst Bacteriol. **42**: 166-170.

Fraser C, Alm EJ, Polz MF, Spratt BG, Hanage WP. (2009). The bacterial species challenge: making sense of genetic and ecological diversity. Science. **323**: 741-746.

Fraser C, Hanage WP, Spratt BG. (2007). Recombination and the nature of bacterial speciation. Science. **315**: 476-480.

Garrity GM, Bell JA, Lilburn TG. (2003). Taxonomic Outline of the Prokaryotes, *Bergey's Manual of Systematic Bacteriology*, Rel. 4.0, 2nd Ed. Springer, NewYork.

Garrity GM, Bell JA, Lilburn T. (2005a). Phylum XIV. *Proteobacteria* phyl. nov. class III. *Gammaproteobacteria* class. nov. In: *Bergey's Manual of Systematic Bacteriology*, 2nd edn, vol. 2, p. 1. Edited by Brenner DJ, Krieg NR, Staley JT & Garrity GM. New York: Springer.

Garrity, GM, Bell JA, Lilburn T. (2005b). The Revised Road Map to the Manual. In Brenner, Krieg, Staley and Garrity (ed.), *Bergey's Manual of Systematic Bacteriology*, 2nd edn, vol. 2, The Proteobacteria, Part A, Introductory Essays. Springer, New York, pp. 159-220.

Garrity G, Bell JA, Lilburn T. (2006). *Rhodobacteraceae* fam. nov. List of New Names and New Combinations Previously Effectively, but not Validly, Published, pp. 1-6.

Garrity GM, Holt JG. (2001). The road map to the Manual. In *Bergey's Manual of Systematic Bacteriology*, 2nd edn, pp. 119-166. Edited by Boone DR, Castenholz RW & Garrity GM. New York: Springer.

Germond JE, Lapierre L, Delley M, Mollet B, Felis GE, Dellaglio F. (2003). Evolution of the bacterial species *Lactobacillus delbrueckii*: a partial genomic study with reflections on prokaryotic species concept. Mol Biol Evol. **20**: 93-104.

Gharbia SE, Shah HN. (1992). *Fusobacterium nucleatum* subsp. *fusiforme* subsp. nov. and *Fusobacterium nucleatum* subsp. *animalis* subsp. nov. as additional subspecies within *Fusobacterium nucleatum*. Int J Syst Bacteriol. **42**: 296-298.

Gibbons NE, Murray RGE. (1978). Proposals concerning the higher taxa of bacteria. Int J Syst Bacteriol. **28**: 1-6.

Glaeser SP, Kämpfer P. (2015). Multilocus sequence analysis (MLSA) in prokaryotic taxonomy. Syst Appl Microbiol. **38**: 237–245.

Gilbert M, Miller W, Leger J, Chapman M, Timmerman A, Duim B, Foster G, Wagenaar J. (2017). *Campylobacter pinnipediorum* sp. nov., isolated from pinnipeds, comprising *Campylobacter pinnipediorum* subsp. *pinnipediorum* subsp. nov. and *Campylobacter pinnipediorum* subsp. *caledonicus* subsp. nov. Int J Syst Evol Microbiol. **67**: 1961-1968.

Golyshin PN, Chernikova TN, Abraham WR, Lünsdorf H, Timmis KN, Yamikov MM. (2002). *Oleiphilaceae* fam. nov., to include *Oleiphilus messinensis* gen. nov., sp. nov., a novel marine bacterium that obligately utilizes hydrocarbons. Int J System Evol Microbiol. **52**: 901-911.

Gonzalez JM, Saiz-Jimenez C. (2005). A simple fluorimetric method for the estimation of DNA–DNA relatedness between closely related microorganisms by thermal denaturation temperatures. Extremophiles. **9**: 75-79.

Goodfellow M., Manfio GP, Chun J. (1997). Towards a practical species concept for cultivable bacteria. In *Species: The Units of Biodiversity*, pp. 25–29. Edited by Clarridge MF & Dawah HA. London: Chapman and Hall.

Goris J, Konstantinidis KT, Klappenbach JA, Coenye T, Vandamme P, Tiedje JM. (2007). DNA–DNA hybridization values and their relationship to whole-genome sequence similarities. Int J Syst Evol Microbiol. **57**: 81–91.

Griffiths E, Gupta RS. (2006). Molecular signatures in protein sequences that are characteristic of the phylum *Aquificae*. Int J System Evol Microbiol. **56**: 99-107.

Grote J, Thrash JC, Huggett MJ, Landry ZC, Carini P, Giovannoni SJ, Rappé MS. (2012). Streamlining and core genome conservation among highly divergent members of the SAR11 clade. mBio. **3**: e00252-12.

Gurevich A, Saveliev V, Vyahhi N, Tesler G. (2013). QUAST: quality assessment tool for genome assemblies. Bioinformatics. **29**: 1072-1075.

Guttman DS, Dykhuizen DE. (1994). Clonal divergence in *Escherichia coli* as a result of recombination, not mutation. Science. **266**: 1380-1383.

Hahn MW, Schmidt J, Taipale SJ, Doolittle WF, Koll U. (2014). *Rhodoluna lacicola* gen. nov., sp. nov., a planktonic freshwater bacterium with stream-lined genome. Int J Syst Evol Microbiol. **64**: 3254-3263.

Hahnke RL, Meier-Kolthoff JP, García-López M, Mukherjee S, Huntemann M, Ivanova NN, Woyke T, Kyrpides NC, Klenk H-P, Göker M. (2016). Genome-based taxonomic classification of *Bacteroidetes*. Front Microbiol. **7**: 2003.

Hameed A, Arun AB, Ho HP, Chang CM, Rekha PD, Lee MR, Singh S, Young CC. (2011). Supercritical carbon dioxide micronization of zeaxanthin from moderately thermophilic bacteria *Muricauda lutaonensis* CC-HSB-11^T. J Agric Food Chem. **59**: 4119-4124.

Hanage WP, Fraser C, Spratt BG. (2005). Fuzzy species among recombinogenic bacteria. BMC Biol. **3**: 6.

Hansen GH, Sørheim R. (1991). Improved method for phenotypical characterization of marine bacteria. J Microbiol Methods. **13**: 231-241.

Helgason E, Økstad OA, Caugant DA, Johansen HA, Fouet A, Mock M, Hegna I, Kolstø AB. (2000). *Bacillus anthracis*, *Bacillus cereus*, and *Bacillus thuringiensis*-one species on the basis of genetic evidence. Appl Environ Microbiol. **66**: 2627-2630.

Hiraishi A, Kuraishi H, Kawahara K. (2000). Emendation of the description of *Blastomonas* (Sly 1985) Sly and Cahill 1997 as an aerobic photosynthetic bacterium and reclassification of *Erythromonas ursincola* Yurkov *et al.* 1997 as *Blastomonas ursincola* comb. nov. Int J Syst Evol Microbiol. **50**: 1113-1118.

Hold GL, Smith EA, Rappé MS, Maas EW, Moore ERB, Stroempl C, Stephen JR, Prosser JI, Birkbeck TH, Gallacher S. (2001). Characterisation of bacterial communities associated with toxic and non-toxic dinoflagellates: *Alexandrium* spp. and *Scrippsiella trochoidea*. FEMS Microbiol Ecol. **37**: 161-173.

Hube AE, Heyduck-Söller B, Fischer U. (2009). Phylogenetic classification of heterotrophic bacteria associated with filamentous marine cyanobacteria in culture. Syst Appl Microbiol. **32**: 256-265.

Huber H, Diller S, Horn C, Rachel R. (2002). *Thermovibrio ruber* gen. nov., sp. nov., an extremely thermophilic, chemolithoautotrophic, nitrate-reducing bacterium that forms a deep branch within the phylum *Aquificae*. Int J Syst Evol Microbiol. **52**: 1859-1865.

Hugenholtz P, Goebel BM, Pace NR. (1998). Impact of culture-independent studies on the emerging phylogenetic view of bacterial diversity. J Bacteriol. **180**: 4765-4774.

Hugenholtz P, Huber T. (2003). Chimeric 16S rDNA sequences of diverse origin are accumulating in the public databases. Int J Syst Evol Microbiol. **53**: 289-293.

Hugenholtz P, Tyson GW, Webb RI, Wagner AM, Blackall LL. (2001). Investigation of candidate division TM7, a recently recognized major lineage of the domain *Bacteria* with no known pure-culture representatives. Appl Environ Microbiol. **67**: 411-419.

Hughes VM, Datta N. (1983). Conjugative plasmids in bacteria of the 'pre-antibiotic' era. Nature. **302**: 725-726.

Hwang CY, Cho BC. (2008). *Cohaesibacter gelatinilyticus* gen. nov., sp. nov., a marine bacterium that forms a distinct branch in the order *Rhizobiales*, and proposal of *Cohaesibacteraceae* fam. nov. Int J Syst Evol Microbiol. **58**: 267-277.

Imhoff JF, Petri R, Suling J. (1998). Reclassification of species of the spiral-shaped phototrophic purple non-sulfur bacteria of the α -*Proteobacteria*: description of the new genera *Phaeospirillum* gen. nov., *Rhodovibrio* gen. nov., *Rhodothalassium* gen. nov. and *Roseospira* gen. nov. as well as transfer of *Rhodospirillum fulvum* to *Phaeospirillum fulvum* comb. nov., of *Rhodospirillum molischianum* to *Phaeospirillum molischianum* comb. nov., of *Rhodospirillum salinarum* to *Rhodovibrio salinarum* comb. nov., of *Rhodospirillum sodomense* to *Rhodovibrio sodomensis* comb. nov., of *Rhodospirillum salexigens* to *Rhodothalassium salexigens* comb. nov. and of *Rhodospirillum mediosalinum* to *Roseospira mediosalina* comb. nov. Int J Syst Bacteriol. **48**: 793-798.

Jang GI, Cho Y, Cho BC. (2013). *Pontimonas salivibrio* gen. nov., sp. nov., a new member of the family *Microbacteriaceae* isolated from a seawater reservoir of a solar saltern. Int J Syst Evol Microbiol. **63**: 2124-2131.

Jang GI, Hwang, CY, Cho BC. (2018). Effects of heavy rainfall on the composition of airborne bacterial communities. Front Environ Sci Eng. **12**: 12.

Johnson DB, Hallberg KB, Hedrich S. (2014). Uncovering a microbial enigma: isolation and characterization of the streamer-generating, iron-oxidizing, acidophilic bacterium "*Ferrovum myxofaciens*". Appl Environ Microbiol. **80**: 672-680.

Jukes TH, Cantor CR. (1969). Evolution of protein molecules. In: Munro HN, editor. *Mammalian protein metabolism*. New York: Academic Press. pp. 21-132.

Jumas-Bilak E, Carlier JP, Jean-Pierre H, Citron D, Bernard K, Damay A, Gay B, Teyssier C, Campos J, Marchandin H. (2007). *Jonquetella anthropi* gen. nov., sp. nov., the first member of the candidate phylum '*Synergistetes*' isolated from man. Int J Syst

Evol Microbiol. **57**: 2743-2748.

Jumas-Bilak E, Roudière L, Marchandin H. (2009). Descriptionof '*Synergistetes*' phyl. nov. and emended description of the phylum '*Deferribacteres*' and of the family *Syntrophomonadaceae*, phylum '*Firmicutes*'. Int J Syst Evol Microbiol. **59**: 1028–1035.

Kämpfer P. (2012). Systematics of prokaryotes: the state of the art. Antonie van Leeuwenhoek. **101**: 3-11.

Kämpfer P, Falsen E, Busse HJ. (2008). Reclassification of *Pseudomonas mephitica* Claydon and Hammer 1939 as a later heterotypic synonym of *Janthinobacterium lividum* (Eisenberg 1891) De Ley *et al.* 1978. Int J Syst Evol Microbiol. **58**: 136-138.

Kämpfer P, Müller C, Mau M, Neef A, Auling G, Busse H-J, Osborn AM, Stolz A. (1999). Description of *Pseudaminobacter* gen. nov. with two new species, *Pseudaminobacter salicylatoxidans* sp. nov. and *Pseudaminobacter defluvii* sp. nov. Int J Syst Bacteriol. **49**: 887-897.

Kenchappa P, Duggirala A, Ahmed N, Pathengay A, Das T, Hasnain SE, Sharma S. (2006). Fluorescent amplified fragment length polymorphism (FAFLP) genotyping demonstrates the role of biofilm-producing methicillin-resistant periocular *Staphylococcus epidermidis* strains in postoperative endophthalmitis. BMC Ophthalmol. **6**: 1.

Kimura M. (1980). A simple method for estimating evolutionary rates of base substitution through comparative studies of nucleotide sequences. J Mol Evol. **16**: 111-120.

Kluyver AJ, van Niel CB. (1936). Prospects for a natural system of classification of bacteria. Zentbl Bakteriol Parasitenkd Infektkrankh Hyg Abt. II. **94**: 369-403.

Könneke M, Bernhard AE, de la Torre JR, Walker CB, Waterbury JB, Stahl DA. (2005). Isolation of an autotrophic ammonia-oxidizing marine archaeon. Nature. **437**: 543-546.

Konstantinidis KT, Rosselló-Móra R, Amann R. (2017). Uncultivated microbes in need of their own taxonomy. ISME J. **11**: 2399–2406.

Konstantinidis KT, Stackebrandt E. (2013). Defining Taxonomic Ranks. p. 229. In *The Prokaryotes*: Prokaryotic Biology and Symbiotic Associations. 4th edn. Edited by Rosenberg E, DeLong EF, Lory S, Stackebrandt E & Thompson FL. New York: Springer.

Konstantinidis KT, Tiedje JM. (2005). Genomic insights that advance the species definition for prokaryotes. Proc Natl Acad Sci USA. **102**: 2567–2572.

Kook JK, Park SN, Lim YK, Cho E, Jo E, Roh H, Shin Y, Paek J, Kim HS, Kim H, Shin

JH, Chang YH. (2017). Genome-based reclassification of *Fusobacterium nucleatum* subspecies at the species level. Curr Microbiol. **74**: 1137–1147.

Kostinek M, Pukall R, Rooney AP, Schillinger U, Hertel C, Holzapfel WH, Franz CM. (2005). *Lactobacillus arizonensis* is a later heterotypic synonym of *Lactobacillus plantarum*. Int J Syst Evol Microbiol. **55**: 2485–2489.

Kovaleva OL, Merkel AY, Novikov AA, Baslerov RV, Toshchakov SV, Bonch-Osmolovskaya EA. (2015). *Tepidisphaera mucosa* gen. nov., sp. nov., a moderately thermophilic member of the class *Phycisphaerae* in the phylum *Planctomycetes*, and proposal of a new family, *Tepidisphaeraceae* fam. nov., and a new order, *Tepidisphaerales* ord. nov. Int J Syst Evol Microbiol. **65**: 549-555.

Krieg NR, Ludwig W, Euzéby J, Whitman WB. (2010). Phylum XIV. *Bacteroidetes* phyl. nov. In: Krieg NR, Staley JT, Brown DR, Hedlund BP, Paster BJ, Ward NL, Ludwig W, Whitman WB. (Eds.), *Bergey's Manual of Systematic Bacteriology*, Springer, New York, pp. 25–469.

Kumar S, Stecher G, Tamura K. (2016). MEGA7: Molecular Evolutionary Genetics Analysis version 7.0 for bigger datasets. Mol Biol Evol. **33**: 1870-1874.

Kwon KK, Lee HS, Yang SH, Kim SJ. (2005). *Kordiimonas Gwangyangensis* gen. nov., sp. nov., a marine bacterium isolated from marine sediments that forms a distinct phyletic lineage (*Kordiimonadales* ord. nov.) in the '*Alphaproteobacteria*'. Int J Syst Evol Microbiol. **55**: 2033-2037.

Kwong WK, Moran NA. (2013). Cultivation and characterization of the gut symbionts of honey bees and bumble bees: description of *Snodgrassella alvi* gen. nov., sp. nov., a member of the family *Neisseriaceae* of the *Betaproteobacteria*, and *Gilliamella apicola* gen. nov., sp. nov., a member of *Orbaceae* fam. nov., *Orbales* ord. nov., a sister taxon to the order '*Enterobacteriales*' of the *Gammaproteobacteria*. Int J Syst Evol Microbiol. **63**: 2008-2018.

Labrenz M, Lawson PA, Tindall BJ, Collins MD, Hirsch P. (2005). *Roseisalinus antarcticus* gen. nov., sp. nov., a novel aerobic bacteriochlorophyll *a*-producing alpha-proteobacterium isolated from hypersaline Ekho Lake, Antarctica. Int J Syst Evol Microbiol. **55**: 41-47.

Lafay B, Ruimy R, de Traubenberg CR, Breittmayer V, Gauthier MJ, Christen R. (1995).

Roseobacter algicola sp. nov., a new marine bacterium isolated from the phycosphere of the toxin-producing dinoflagellate *Prorocentrum lima*. Int J Syst Bacteriol. **45**: 290-296.

Lagesen K, Hallin PF, Rødland E, Stærfeldt HH, Rognes T, Ussery DW. (2007). RNAmmer: consistent annotation of rRNA genes in genomic sequences. Nucleic Acids Res. **35**: 3100-3108.

Lan R, Reeves PR. (2001). When does a clone deserve a name? A perspective on bacterial species based on population genetics. Trends Microbiol. **9**: 419-424.

Lang E, Kroppenstedt RM, Sträubler B, Stackebrandt E. (2008). Reclassification of *Myxococcus flavescens* Yamanaka *et al.* 1990^{VP} as a later synonym of *Myxococcus virescens* Thaxter 1892^{AL}. Int J Syst Evol Microbiol. **58**: 2607-2609.

Lapage SP, Sneath PHA, Lessel EF, Skerman VBD, Seeliger HPR, Clark WA. (1992). International Code of Nomenclature of Bacteria (1990 Revision). Bacteriological Code. American Society for Microbiology, Washington, D.C., XLII + 189 pages.

Lapage SP, Sneath PHA, Lessel EF, Skerman VBD, Seeliger HPR, Clark WA. (1976). International Code of Nomenclature of Bacteria (1975 Revision). Washington, DC: American Society for Microbiology.

Lebreton F, Manson AL, Saavedra JT, Straub TJ, Earl AM, Gilmore MS. (2017). Tracing the enterococci from Paleozoic origins to the hospital. Cell. **169**: 849–861.

Lee I, Chalita M, Ha SM, Na SI, Yoon SH, Chun J. (2017). ContEst16S: an algorithm that identifies contaminated prokaryotic genomes using 16S RNA gene sequences. Int J Syst Evol Microbiol. **67**: 2053-2057.

Lee I, Kim YO, Park SC, Chun J. (2015). OrthoANI: An improved algorithm and software for calculating average nucleotide identity. Int J Syst Evol Microbiol. **66**: 1100-1103.

Lee K, Liu C, Anzai Y, Kim H, Aono T, Oyaizu H. (2005). The hierarchical system of the '*Alphaproteobacteria*': description of *Hyphomonadaceae* fam. nov., *Xanthobacteraceae* fam. nov. and *Erythrobacteraceae* fam. nov. Int J Syst Evol Microbiol. **55**: 1907-1919.

Leifson E. (1963). Determination of carbohydrate metabolism of marine bacteria. J Bact. **85**: 1183-1184.

Lemey P, Salemi M, Vandamme A-M. (2009). The Phylogenetic Handbook: A Practical

Approach to Phylogenetic Analysis and Hypothesis Testing. 2nd Edition. Ed. by Lemey P, Salemi M, Vandamme A-M. Cambridge, pp. 723.

Lemos ML, Toranzo AE, Barja JL. (1985). Modified medium for the oxidation-fermentation test in the identification of marine bacteria. Appl Environ Microbiol. **49**: 1541-1543.

Li Y, Raftis E, Canchaya C, Fitzgerald GF, van Sinderen D, O'Toole PW. (2006). Polyphasic analysis indicates that *Lactobacillus salivarius* subsp. *salivarius* and *Lactobacillus salivarius* subsp. *salicinius* do not merit separate subspecies status. Int J Syst Evol Microbiol. **56**: 2397-2403.

Lilburn TG, Garrity GM. (2004). Exploring prokaryotic taxonomy. Int J Syst Evol Microbiol. **54**: 7–13.

Locey KJ, Lennon JT. (2016). Scaling laws predict global microbial diversity. Proc Natl Acad Sci USA. **113**: 5970–5975.

Ludwig W, Euzéby J, Whitman WB. (2011). Taxonomic outlines of the phyla *Bacteroidetes*, *Spirochaetes*, *Tenericutes* (*Mollicutes*), *Acidobacteria*, *Fibrobacteres*, *Fusobacteria*, *Dictyoglomi*, *Gemmatimonadetes*, *Lentisphaerae*, *Verrucomicrobia*, *Chlamydiae*, and *Planctomycetes*. In *Bergey's Manual of Systematic Bacteriology*, 2nd edn, vol. 4, p. 21-24. Edited by Krieg NR, James TS, Brown DR, Hedlund BP, Paster BJ, Ward NL, Ludwig W & Whitman WB. New York: Springer.

Ludwig W, Klenk HP. (2001). Overview: a phylogenetic backbone and taxonomic framework for prokaryotic systematics. In *Bergey's Manual of Systematic Bacteriology*, 2nd edn, pp. 49-65. Edited by Boone DR, Castenholz RW & Garrity GM. New York: Springer.

Ludwig W, Schleifer KH, Whitman WB. (2009a). Class III. *Erysipelotrichia* class nov. In *Bergey's Manual of Systematic Bacteriology*, 2nd edn, vol. 3, p. 1298. Edited by De Vos P, Garrity G, Jones D, Krieg NR, Ludwig W, Rainey FA, Schleifer KH & Whitman WB. New York: Springer.

Ludwig W, Schleifer KH, Whitman WB. (2009b). Revised road map to the phylum Firmicutes. In: De Vos P, Garrity GM, Jones D, Krieg NR, Ludwig W, Rainey FA, Schleifer KH, and Whitman WB (eds.). *Bergey's Manual of Systematic Bacteriology* 3, 2nd ed., Springer, New York, pp. 1-17.

Ludwig W, Strunk O, Westram R, Richter L, Meier H, Yadhukumar, Buchner A, Lai T, Steppi S, Jobb G, Förster W, Brettske I, Gerber S, Ginhart AW, Gross O, Grumann

S, Hermann S, Jost R, König A, Liss T, Lüssmann R, May M, Nonhoff B, Reichel B, Strehlow R, Stamatakis A, Stuckmann N, Vilbig A, Lenke M, Ludwig T, Bode A, Schleifer KH. (2004). ARB: a software environment for sequence data. Nucleic Acids Res. **32**: 1363-1371.

Marchandin H, Teyssier C, Campos J, Jean-Pierre H, Roger F, Gay B, Carlier J-P, Jumas-Bilak E. (2010). *Negativicoccus succinicivorans* gen. nov., sp. nov., isolated from human clinical samples, emended description of the family *Veillonellaceae* and description of *Negativicutes* classis nov., *Selenomonadales* ord. nov. and *Acidaminococcaceae* fam. nov. in the bacterial phylum *Firmicutes*. Int J Syst Evol Microbiol. **60**: 1271-1279.

Martínez-Cánovas MJ, Béjar V, Martínez-Checa F, Quesada E. (2004). *Halomonas anticariensis* sp. nov., from Fuente de Piedra, a saline-wetland wild fowl reserve in Malaga, southern Spain. Int J Syst Evol Microbiol. **54**: 1329-1332.

Martínez-García M, Díaz-Valdés M, Wanner G, Ramos-Esplá A, Antón J. (2007). Microbial community associated with the colonial ascidian *Cystodytes dellechiajei*. Environ Microbiol. **9**: 521-534.

Mattarelli P, Holzapfel W, Franz CM, Endo A, Felis GE, Hammes W, Pot B, Dicks L, Dellaglio F. (2014). Recommended minimal standards for description of new taxa of the genera *Bifidobacterium*, *Lactobacillus* and related genera. Int J Syst Evol Microbiol. **64**: 1434-1451.

Meier-Kolthoff JP, Göker M, Spröer C, Hans-Peter K. (2013a). When should a DDH experiment be mandatory in microbial taxonomy? Arch Microbiol. **195**: 413-418.

Meier-Kolthoff JP, Auch AF, Klenk H-P, Göker M. (2013b). Genome sequence-based species delimitation with confidence intervals and improved distance functions. BMC Bioinformatics. **14**: 60.

Meier-Kolthoff JP, Klenk HP, Göker M. (2014). Taxonomic use of DNA G+C content and DNA-DNA hybridization in the genomic age. Int J Syst Evol Microbiol. **64**: 352-356.

Mendler K, Chen H, Parks DH, Hug LA, Doxey AC. (2018). AnnoTree: visualization and exploration of a functionally annotated microbial tree of life. bioRxiv. 463455.

Mesbah M, Premachandran U, Whitman WB. (1989). Precise measurement of the G+C content of deoxyribonucleic acid by high-performance liquid chromatography. Int J

Syst Bacteriol. **39**: 159-167.

Minnikin DE, O'Donnell AG, Goodfellow M, Alderson G, Athalye M, Schaal K, Parlett JH. (1984). An integrated procedure for the extraction of bacterial isoprenoid quinones and polar lipids. J Microbiol Methods. **2**: 233-241.

Mistou MY, Sutcliffe IC, van Sorge NM. (2016). Bacterial glycobiology: rhamnose-containing cell wall polysaccharides in Gram-positive bacteria. FEMS Microbiol Rev. **40**: 464-479.

Moore ER, Mihaylova SA, Vandamme P, Krichevsky MI, Dijkshoorn L. (2010). Microbial systematics and taxonomy: relevance for a microbial commons. Res Microbiol. **161**: 430-438.

Moreira AP, Duytschaever G, Chimetto Tonon LA, Fróes AM, de Oliveira LS, Amado-Filho GM, Francini-Filho RB, De Vos P, Swings J, Thompson CC, Thompson FL. (2014a). *Photobacterium sanctipauli* sp. nov. isolated from bleached *Madracis decactis* (Scleractinia) in the St Peter & St Paul Archipelago, Mid-Atlantic Ridge, Brazil. Peer J. **2**: e427.

Moreira AP, Duytschaever G, Tonon LA, Dias GM, Mesquita M, Cnockaert M, Francini-Filho RB, De Vos P, Thompson CC, Thompson FL. (2014b). *Vibrio madracius* sp. nov. isolated from *Madracis decactis* (Scleractinia) in St. Peter & St. Paul Archipelago, Mid-Atlantic Ridge, Brazil. Curr Microbiol. **69**: 405-411.

Munoz R, Rosselló-Móra R, Amann R. (2016). Revised phylogeny of *Bacteroidetes* and proposal of sixteen new taxa and two new combinations including *Rhodothermaeota* phyl. nov. Syst Appl Microbiol. **39**: 281-296.

Murray RGE, Brenner DJ, Colwell RR, De Vos P, Goodfellow M, Grimont PAD, Pfennig N, Stackebrandt E, Zavarzin GA. (1990). Report of the ad hoc committee on approaches to taxonomy within the Proteobacteria. Int J Syst Bacteriol. **40**: 213-215.

Murray RGE, Schleifer KH. (1994). Taxonomic notes: a proposal for recording the properties of putative taxa of prokaryotes. Int J Syst Bacteriol. **44**: 174-176.

Murray RGE, Stackebrandt E. (1995). Taxonomic note: implementation of the provisional status *Candidatus* for incompletely described procaryotes. Int J Syst Bacteriol. **45**: 186-187.

Mylvaganam S, Dennis PP. (1992). Sequence heterogeneity between the two genes encoding 16S rRNA from the halophilic Archaebacterium *Haloarcula marismortui*. Genetics.

130: 399-410.

Nagashima KV, Hiraishi A, Shimada K, Matsuura K. (1997). Horizontal transfer of genes coding for the photosynthetic reaction centers of purple bacteria. J Mol Evol. **45**: 131-136.

Nakagawa Y. (2011). Class IV. *Cytophagia* class. nov. pp. 370-369. In *Bergey's Manual of Systematic Bacteriology*. 2nd Ed. Volume 4: The *Bacteroidetes*, *Spirochaetes*, *Tenericutes* (*Mollicutes*), *Acidobacteria*, *Fibrobacteres*, *Fusobacteria*, *Dictyoglomi*, *Gemmatimonadetes*, *Lentisphaerae*, *Verrucomicrobia*, *Chlamydiae*, and *Planctomycetes*. Krieg NR, Ludwig W, Whitman W, Hedlund BP, Paster BJ, Staley JT, Ward N, Brown D, Parte A. (Eds.)

Nakai R, Nishijima M, Tazato N, Handa Y, Karray F, Sayadi S, Isoda H, Naganuma T. (2014). *Oligoflexus tunisiensis* gen. nov., sp. nov., a Gram-negative, aerobic, filamentous bacterium of a novel proteobacterial lineage, and description of *Oligoflexaceae* fam. nov., *Oligoflexales* ord. nov. and *Oligoflexia* classis nov. Int J Syst Evol Microbiol. **64**: 3353–3359.

Nishiguchi MK, Nair VS. (2003). Evolution of symbiosis in the *Vibrionaceae*: a combined approach using molecules and physiology. Int J Syst Evol Microbiol. **53**: 2019-2026.

Nogi Y. (2008). Bacteria in the deep sea: psychropiezophiles. In: *Psychrophiles*. Margesin R, et al. Eds, Springer, pp. 73-82.

Norton, CF, Jones GE. (1968). A marine isolate of *Pseudomonas nigrifaciens*. I. Classification and nutrition. Can J Microbiol. **14**: 1333-1340.

Oren A, Ventosa A, Grant WD. (1997). Proposed minimal standards for description of new taxa in the order *Halobacteriales*. Int J Syst Bacteriol. **47**: 233-238.

Oren A. (2009). Systematics of Archaea and *Bacteria*. In: *Biological Science Fundamentals and Systematics*. Vol. II. pp. 162-186. *Encyclopedia of Life Support Systems* (EOLSS).

Oren A. (2017). A plea for linguistic accuracy—also for *Candidatus* taxa. Int J Syst Evol Microbiol. **67**: 1085-1094.

Oren A, Garrity GM. (2018). Uncultivated microbes–in need of their own nomenclature? ISME J. **12**: 309–311.

Ouoba LI, Nyanga-Koumou CA, Parkouda C, Sawadogo H, Kobawila SC, Keleke S, Diawara B, Louembe D, Sutherland JP. (2010). Genotypic diversity of lactic acid bacteria isolated from African traditional alkaline fermented foods. J Appl Microbiol. **108**: 2019–2029.

Overbeek R, Olson R, Pusch GD, Olsen GJ, Davis JJ, Disz T, Edwards RA, Gerdes S, Parrello B, Shukla M, Vonstein V, Wattam AR, Xia F, Stevens R. (2014). The SEED and the Rapid Annotation of microbial genomes using Subsystems Technology (RAST). Nucleic Acids Res. **42**: D206–D214.

Park S, Jung YT, Yoon JH. (2013). *Pelagicola litorisediminis* sp. nov., a novel alphaproteobacterium isolated from tidal flat sediment. Antonie van Leeuwenhoek. **104**: 103–110.

Parker CT, Tindall BJ, Garrity GM. (2019). International Code of Nomenclature of Prokaryotes. Prokaryotic Code (2008 Revision). Int J Syst Evol Microbiol. **69**: S1-S111.

Parks DH, Chuvochina M, Waite DW, Rinke C, Skarshewski A, Chaumeil PA, Hugenholtz P. (2018). A standardized bacterial taxonomy based on genome phylogeny substantially revises the tree of life. Nat Biotechnol. **36**: 996–1004.

Parks DH, Imelfort M, Skennerton CT, Hugenholtz P, Tyson GW. (2014). CheckM: Assessing the quality of microbial genomes recovered from isolates, single cells, and metagenomes. Genome Res. **25**: 1043-1055.

Parte AC. (2018). LPSN - List of Prokaryotic names with Standing in Nomenclature (bacterio.net), 20 years on. Int J Syst Evol Microbiol. **68**: 1825-1829.

Peix A, Rivas R, Trujillo ME, Vancanneyt M, Velázquez E, Willems A. (2005). Reclassification of *Agrobacterium ferrugineum* LMG 128 as *Hoeflea marina* gen. nov., sp. nov. Int J Syst Evol Microbiol. **55**: 1163-1166.

Pérez-Losada M, Browne EB, Madsen A, Wirth T, Viscidi RP, Crandall KA. (2006). Population genetics of microbial pathogens estimated from multilocus sequence typing (MLST) data. Infect Genet Evol. **6**: 97–112.

Pernthaler A, Pernthaler J, Amann R. (2002). Fluorescence in situ hybridization and catalyzed reporter deposition for the identification of marine bacteria. Appl Environ Microbiol. **68**: 3094-3101.

Postse JR. (1972). The acetylene reduction test for nitrogen fixation, pp. 343-356. In Norris JR and Ribbons DW (ed.), *Methods in Microbiology*, vol. 6B. Academic Press, Inc.,

London.

Priest F, Austin B. (1993). Modern Bacterial Taxonomy, 2nd edn. Chapman & Hall. London, UK. pp. 228.

Probst AJ, Hertel C, Richter L, Wassill L, Ludwig W, Hammes WP. (1998). *Staphylococcus condimenti* sp. nov., from soy sauce mash, and *Staphylococcus carnosus* (Schleifer and Fischer 1982) subsp. *utilis* subsp. nov. Int J Syst Bacteriol. **48**: 651-658.

Ramana VV, Chakravarthy SK, Ramaprasad EVV, Thiel V, Imhoff JF, Sasikala Ch, Ramana ChV. (2013). Emended description of the genus *Rhodothalassium* Imhoff et al., 1998 and proposal of *Rhodothalassiaceae* fam. nov. and *Rhodothalassiales* ord. nov. Syst Appl Microbiol. **36**: 28-32.

Ramasamy D, Mishra AK, Lagier JC, Padhmanabhan R, Rossi M, Sentausa E, Raoult D, Fournier PE. (2014). A polyphasic strategy incorporating genomic data for the taxonomic description of novel bacterial species. Int J Syst Evol Microbiol. **64**: 384-391.

Redfearn MS, Palleroni NJ, Stanier RY. (1966). A comparative study of *Pseudomonas pseudomallei* and *Bacillus mallei*. J Gen Microbiol. **43**: 293-313.

Richter M, Rosselló-Móra R. (2009). Shifting the genomic gold standard for the prokaryotic species definition. Proc Natl Acad Sci USA. **106**: 19126-19131.

Ritalahti KM, Justicia-Leon SD, Cusick KD, Ramos-Hernandez N, Rubin M, Dornbush J, Löffler FE. (2012). *Sphaerochaeta globosa* gen. nov., sp. nov. and *Sphaerochaeta pleomorpha* sp. nov., free-living, spherical spirochaetes. Int J Syst Evol Microbiol. **62**: 210-216.

Rogosa M, Hansen PA. (1971). Nomenclatural considerations of certain species of *Lactobacillus* Beijerinck: Request for an Opinion. Int J Syst Bacteriol. **21**: 177-186.

Rosselló-Móra R, Amann R. (2015). Past and future species definitions for *Bacteria* and *Archaea*. Syst Appl Microbiol. **38**: 209-216.

Rosselló-Móra R, Amann R. (2001). The species concept for prokaryotes. FEMS Microbiol Rev. **25**: 39-67.

Rüger H-J, Höfle MG. (1992). Marine star-shaped-aggregate-forming bacteria: *Agrobacterium atlanticum* sp. nov.; *Agrobacterium meteori* sp. nov.; *Agrobacterium ferrugineum* sp. nov., nom. rev.; *Agrobacterium gelatinovorum* sp. nov., nom. rev.; and *Agrobacterium stellulatum* sp. nov., nom. rev. Int J Syst Bacteriol. **42**: 133-143.

Ruiz-Ponte C, Cilia V, Lambert C, Nicolas JL. (1998). *Roseobacter gallaeciensis* sp. nov., a new marine bacterium isolated from rearings and collectors of the scallop *Pecten maximus*. Int J Syst Bacteriol. **48**: 537-542.

Sasser M. (1990). Identification of bacteria by gas chromatography of cellular fatty acids. Technical Note 101. Newark, DE: MIDI.

Sawabe T, Ogura Y, Matsumura Y, Feng G, Amin AKM R, Mino S, Nakagawa S, Sawabe T, Kumar R, Fukui Y, Satomi M, Matsushima R, Thompson FL, Gomez-Gil B, Christen R, Maruyama F, Kurokawa K, Hayashi T. (2013). Updating the Vibrio clades defined by multilocus sequence phylogeny: proposal of eight new clades, and the description of *Vibrio tritonius* sp. nov. Front Microbiol. **4**: 414.

Schleifer KH, Kandler O. (1972). Peptidoglycan types of bacterial cell walls and their taxonomic implications. Bacteriol Rev. **36**: 407–477.

Schleifer KH, Kraus J, Dvorak C, Kilpper Balz R, Collins MD, Fischer W. (1985). Transfer of *Streptococcus lactis* and related streptococci to the genus *Lactococcus* gen. nov. Syst Appl Microbiol. **6**: 183-195.

Schleifer KH. (2009). Phylum XIII. *Firmicutes* Gibbons and Murray 1978, 5 (*Firmacutes* [sic] Gibbons and Murray 1978, 5). In *Bergey's Manual of Systematic Bacteriology*, 2nd edn., vol. 3, The *Firmicutes*, p. 19. Edited by De Vos P, Garrity GM, Jones D, Krieg NR, Ludwig W, Rainey FA, Schleifer KH & Whitman WB. New York: Springer.

Schumann P, Kämpfer P, Busse H-J, Evtushenko LI, Subcommittee on the Taxonomy of the Suborder *Micrococcineae* of the International Committee on Systematics of Prokaryotes (2009). Proposed minimal standards for describing new genera and species of the suborder *Micrococcineae*. Int J Syst Evol Microbiol. **59**: 1823–1849.

Schumann P. (2011). Peptidoglycan structure. Methods Microbiol. **38**: 101–129.

Scott F, Threlfall J, Arnold C. (2002). Genetic structure of *Salmonella* revealed by fragment analysis. Int J Syst Evol Microbiol. **52**: 1701-1713.

Selje N, Simon M, Brinkhoff T. (2004). A newly discovered *Roseobacter* cluster in temperate and polar oceans. Nature. **427**: 445-448.

Shapiro BJ, Friedman J, Cordero OX, Preheim SP, Timberlake SC, Szabó G, Polz MF, Alm EJ. (2012). Population genomics of early events in the ecological differentiation of bacteria.

Science. **336**: 48–51.

Shi BH, Arunpairojana V, Palakawong S, Yokota A. (2002). *Tistrella mobilis* gen. nov., sp. nov. J Gen Appl Microbiol. **48**: 335-343.

Shiba T, Simidu U, Taga N. (1979). Distribution of aerobic bacteria which contain bacteriochlorophyll *a*. Appl Environ Microbiol. **38**: 43-48.

Shiba T, Simidu U. (1982). *Erythrobacter longus* gen. nov., sp. nov., an aerobic bacterium which contains bacteriophyll *a*. Int J Syst Bacteriol. **32**: 211-217.

Sievers F, Wilm A, Dineen DG, Gibson TJ, Karplus K, Li W, Lopez R, McWilliam H, Remmert M, Söding J, Thompson JD, Higgins DG. (2011). Fast, scalable generation of high-quality protein multiple sequence alignments using Clustal Omega. Mol Syst Biol. **7**: 539.

Sikorski J, Lalucat J, Wackernagel W. (2005). Genomovars 11 to 18 of *Pseudomonas stutzeri*, identified among isolates from soil and marine sediment. Int J Syst Evol Microbiol. **55**: 1767-1770.

Skerman VBD, McGowan V, Sneath PHA. (1980). The Approved Lists of Bacterial Names. Int J Syst Bacteriol. **30**: 225–420.

Skerman VBD, McGowan V, Sneath PHA. (1989). Approved Lists of Bacterial Names (Amended). Washington (DC): ASM Press.

Sneath PHA. (1993). Evidence from *Aeromonas* for genetic crossing-over in ribosomal sequences. Int J Syst Bacteriol. **43**: 626-629.

Sneath PHA, Sokal RR. (1973). Numerical taxonomy. The principles and practice of numerical classification. W. H. Freeman and Co., San Francisco.

Sorokin DY. (2005). Is there a limit for high-pH life? Int J Syst Evol Microbiol. **55**: 1405-1406.

Souza V, Rocha M, Valera A, Eguiarte LE. (1999). Genetic structure of natural populations of *Escherichia coli* in wild hosts on different continents. Appl Environ Microbiol. **65**: 3373–3385.

Spring S, Scheuner C, Göker M, Klenk HP. (2015). A taxonomic framework for emerging groups of ecologically important marine gammaproteobacteria based on the reconstruction of evolutionary relationships using genome-scale data. Front Microbiol. **6**: 281.

Stackebrandt E, Ebers J. (2006). Taxonomic parameters revisited: tarnished gold standards. Microbiol Today. **33**: 152–155.

Stackebrandt E, Frederiksen W, Garrity GM, Grimont PA, Kämpfer P, Maiden MC, Nesme X, Rosselló-Móra R, Swings J, Trüper HG, Vauterin L, Ward AC, Whitman WB. (2002). Report of the ad hoc committee for the re-evaluation of the species definition in bacteriology. Int J Syst Evol Microbiol. **52**: 1043-1047.

Stackebrandt E, Goebel BM. (1994). Taxonomic note: a place for DNA–DNA reassociation and 16S rRNA sequence analysis in the present species definition in bacteriology. Int J Syst Bacteriol. **44**: 846–849.

Stackebrandt E, Liesack W. (1993). Nucleic acids and classification. In *Handbook* of *New Bacterial Systematics*, pp. 152–189. Edited by Goodfellow M & O'Donnell AG. London: Academic Press.

Stackebrandt E, Murray RGE, Trüper HG. (1988). *Proteobacteria* classis nov., a name for the phylogenetic taxon that includes the "Purple bacteria and their relatives". Int J Syst Bact. **38**: 321-325.

Stoecker K, Bendinger B, Schöning B, Nielsen PH, Nielsen JL, Baranyi C, Toenshoff ER, Daims H, Wagner M. (2006). Cohn's *Crenothrix* is a filamentous methane oxidizer with an unusual methane monooxygenase. Proc Natl Acad Sci USA. **103**: 2363–2367.

Sultanpuram VR, Lodha TD, Chintalapati VR, Chintalapati S. (2013). *Cohaesibacter haloalkalitolerans* sp. nov., isolated from a soda lake, and emended description of the genus *Cohaesibacter*. Int J Syst Evol Microbiol. **63**: 4271-4276.

Surkov AV, Dubinina GA, Lysenko AM, Glöckner FO, Kuever J. (2001). *Dethiosulfovibrio russensis* sp. nov., *Dethiosulfovibrio marinus* sp. nov., and *Dethiosulfovibrio acidaminovorans* sp. nov., novel anaerobic thiosulfate- and sulfur-reducing bacteria isolated from ''Thidendron'' sulfur mats in different saline environments. Int J Syst Evol Microbiol. **51**: 327–337.

Sutcliffe IC. (2015). Challenging the anthropocentric emphasis on phenotypic testing in prokaryotic species descriptions: rip it up and start again. Front Genet. **6**: 218.

Sutcliffe IC, Trujillo ME, Goodfellow M. (2012). A call to arms for systematists: revitalising the purpose and practises underpinning the description of novel microbial taxa. Antonie van Leeuwenhoek. **101**: 13–20

Swezey JL, Nakamura LK, Abbott TP, Peterson RE. (2000). *Lactobacillus arizonensis* sp. nov., isolated from jojoba meal. Int J Syst Evol Microbiol. **50**: 1803-1809.

Teeling H, Waldmann J, Lombardot T, Bauer M, Glöckner FO. (2004). TETRA: a web-service and a stand-alone program for the analysis and comparison of tetranucleotide usage patterns in DNA sequences. BMC Bioinformatics. **5**: 163.

Teramoto M, Yagyu K, Nishijima M. (2015). *Perspicuibacter marinus* gen. nov., sp. nov., a semi-transparent bacterium isolated from surface seawater, and description of *Arenicellaceae* fam. nov. and *Arenicellales* ord. nov. Int J Syst Evol Microbiol. **65**: 353-358.

Thompson CC, Amaral GR, Campeão M, Edwards RA, Polz MF, Dutilh BE, Ussery DW, Sawabe T, Swings J, Thompson FL. (2015). Microbial taxonomy in the post-genomic era: rebuilding from scratch? Arch Microbiol. **197**: 359–370.

Thompson CC, Chimetto L, Edwards RA, Swings J, Stackebrandt E, Thompson FL. (2013a). Microbial genomic taxonomy. BMC Genomics. **14**: 913.

Thompson CC, Emmel VE, Fonseca EL, Marin MA, Vicente ACP. (2013b). Streptococcal taxonomy based on genome sequence analyses. F1000Res **2**: 67.

Thompson CC, Silva GG, Vieira NM, Edwards R, Vicente AC, Thompson FL. (2013c). Genomic taxonomy of the genus *Prochlorococcus*. Microb Ecol. **66**: 752-762.

Thompson CC, Vicente ACP, Souza RC, Vasconcelos ATR, Vesth T, Alves N, Jr, Ussery, DW, Iida T, Thompson FL. (2009). Genomic taxonomy of vibrios. BMC Evol Biol. **9**: 258.

Thompson CC, Vieira NM, Vicente ACP, Thompson FL. (2011a). Towards a genome based taxonomy of Mycoplasmas. Infect Genet Evol. **11**: 1798-1804.

Thompson FL, Thompson CC, Dias GM, Naka H, Dubay C, Crosa JH. (2011b). The genus *Listonella* MacDonell and Colwell 1986 is a later heterotypic synonym of the genus *Vibrio* Pacini 1854 (Approved Lists 1980)—a taxonomic opinion. Int J Syst Evol Microbiol. **61**: 3023-3027.

Thompson FL, Gevers D, Thompson CC, Dawyndt P, Naser S, Hoste B, Munn CB, Swings J. (2005). Phylogeny and molecular identification of vibrios on the basis of multilocus sequence analysis. Appl Environ Microbiol. **71**: 5107-5115.

Thompson JD, Gibson TJ, Plewniak F, Jeanmougin F, Higgins DG. (1997). The

CLUSTAL_X windows interface: flexible strategies for multiple sequence alignment aided by quality analysis tools. Nucleic Acids Res. **25**: 4876-4882.

Tindall BJ, Grimont PAD, Garrity GM, Euzéby JP. (2005). Nomenclature and taxonomy of the genus *Salmonella*. Int J Syst Evol Microbiol. **55**: 521–524.

Tindall BJ, Kämpfer P, Euzéby JP, Oren A. (2006). Valid publication of names of prokaryotes according to the rules of nomenclature: past history and current practice. Int J Syst Evol Microbiol. **56**: 2715-2720.

Tindall BJ, Rosselló-Móra R, Busse H-J, Ludwig W, Kämpfer P. (2010). Notes on the characterization of prokaryote strains for taxonomic purposes. Int J Syst Evol Microbiol. **60**: 249–266.

Tindall BJ, Sikorski J, Smibert RM, Krieg NR. (2007). Phenotypic characterization and the principles of comparative systematics. In *Methods for General and Molecular Microbiology*, pp. 330–393. Edited by Reddy CA, Beveridge TJ, Breznak JA, Marzluf G, Schmidt TM & Snyder LR. Washington DC: American Society for Microbiology.

Trüper HG. (2005). Is "localimania" becoming a fashion for prokaryote taxonomists? Int J Syst Evol Microbiol. **55**: 1753.

Uchino Y, Hamada T, Yokota A. (2002). Proposal of *Pseudorhodobacter ferrugineus* gen. nov., comb. nov., for a nonphotosynthetic marine bacterium, *Agrobacterium ferrugineum,* related to the genus *Rhodobacter*. J Gen Appl Microbiol. **48**: 309–319.

Uchino Y, Hirata A, Yokota A, Sugiyama J. (1998). Reclassification of marine *Agrobacterium* species: proposals of *Stappia stellulata* gen. nov., comb. nov., *Stappia aggregata* sp. nov., nom. rev., *Ruegeria atlantica* gen. nov., comb. nov., *Ruegeria gelatinovora* comb. nov., *Ruegeria algicola* comb. nov., and *Ahrensia kieliense* gen. nov., sp. nov., nom. rev. J Gen Appl Microbiol. **44**: 201–210.

Ursing JB, Rosselló-Móra RA, García-Valdés E, Lalucat J. (1995). Taxonomic note: a pragmatic approach to the nomenclature of phenotypically similar genomic groups. Int J Syst Bacteriol. **45**: 604.

Valdivia-Anistro JA, Eguiarte-Fruns LE, Delgado-Sapien G, Marquez-Zacarias P, Gasca-Pineda J, Learned J, Elser JJ, Olmedo-Alvarez G, Souza V. (2016). Variability of rRNA operon copy number and growth rate dynamics of bacillus isolated from an extremely oligotrophic aquatic ecosystem. Front Microbiol. **6**: 1486.

Vandamme P, Peeters C. (2014). Time to revisit polyphasic taxonomy. Antonie van Leeuwenhoek. **106**: 57-65.

Vandamme P, Pot B, Gillis M, De Vos P, Kersters K, Swings J. (1996). Polyphasic taxonomy, a consensus approach to bacterial systematics. Microbiol Rev. **60**: 407-438.

van't Wout JW, Bijlmer HA. (2005). Bacteremia due to *Streptococcus gallolyticus*, or the perils of revised nomenclature in bacteriology. Clin Infect Dis. **407**: 1070-1071.

Vreeland RH. (2005). International Committee on Systematics of Prokaryotes: Subcommittee on the taxonomy of *Halomonadaceae*. Minutes of the open meetings, 8 September 2004, Ljubljana, Slovenia. Int J Syst Evol Microbiol. **55**: 2231-2232.

Wagner-Döbler I, Rheims H, Felske A, El-Ghezal A, Flade-Schröder D, Laatsch H, Lang H, Pukall R, Tindall BJ. (2004). *Oceanibulbus indolifex* gen. nov., sp. nov., a North Sea alphaproteobacterium that produces bioactive metabolites. Int J Syst Evol Microbiol. **54**: 1177-1184.

Waite DW, Vanwonterghem I, Rinke C, Parks DH, Zhang Y, Takai K, Sievert SM, Simon J, Campbell BJ, Hanson TE, Woyke T, Klotz MG, Hugenholtz P. (2017). Comparative genomic analysis of the class *Epsilonproteobacteria* and proposed reclassification to *Epsilonbacteraeota* (phyl. nov.). Front Microbiol. **8**: 682.

Waite DW, Vanwonterghem I, Rinke C, Parks DH, Zhang Y, Takai K, Sievert SM, Simon J, Campbell BJ, Hanson TE, Woyke T, Klotz MG, Hugenholtz P. (2018). Addendum: Comparative genomic analysis of the class *Epsilonproteobacteria* and proposed reclassification to *Epsilonbacteraeota* (phyl. nov.). Front Microbiol. **9**: 772.

Wang R, Zhang H, Sun L, Qi G, Chen S, Zhao X. (2017). Microbial community composition is related to soil biological and chemical properties and bacterial wilt outbreak. Sci Rep. **7**: 343.

Wang ZJ, Liu QQ, Zhao LH, Du ZJ, Chen GJ. (2015). *Bradymonas sediminis* gen. nov., sp. nov., isolated from coastal sediment, and description of *Bradymonadaceae* fam. nov. and *Bradymonadales* ord. nov. Int J Syst Evol Microbiol. **65**: 1542-1549.

Watanabe M, Kojima H, Fukui M. (2015). *Limnochorda pilosa* gen. nov., sp. nov., a moderately thermophilic, facultatively anaerobic, pleomorphic bacterium and proposal of *Limnochordaceae* fam. nov., *Limnochordales* ord. nov. and *Limnochordia* classis nov. in the phylum *Firmicutes*. Int J Syst Evol Microbiol. **65**: 2378-2384.

Wayne LG, Brenner DJ, Colwell RR, Grimont PAD, Kandler O, Krichevsky MI, Moore LH, Moore WEC, Murray RGE, Stackebrandt E, Starr MP, Trüper HG. (1987). Report of the ad hoc committee on reconciliation of approaches to bacterial systematics. Int J Syst Bacteriol. **37**: 463-464.

Wei S, Shuai L, Yan L, Hu FQ. (2016). SeqKit: A cross-platform and ultrafast toolkit for FASTA/Q file manipulation. PLoS One. **11**: e0163962.

Weiss JV, Rentz JA, Plaia T, Neubauer SC, Merrill-Floyd M, Lilburn T, Bradburne C, Megonigal JP, Emerson D. (2007). Characterization of neutrophilic Fe(II)-oxidizing bacteria isolated from the rhizosphere of wetland plants and description of *Ferritrophicum radicicola* gen. nov. sp. nov., and *Sideroxydans paludicola* sp. nov. Geomicrobiol J. **24**: 559–570.

White AH. (1940). A bacterial discoloration of print butter. Sci Agric. **20**: 638-645.

Whitman WB. (2015). Genome sequences as the type material for taxonomic descriptions of prokaryotes. Syst Appl Microbiol. **38**: 217–222.

Whitman WB. (2016). Modest proposals to expand the type material for naming of prokaryotes. Int J Syst Evol Microbiol. **66**: 2108-2112.

Whitman WB, Oren A, Chuvochina M, da Costa MS, Garrity GM, Rainey FA, Rosselló-Móra R, Schink B, Sutcliffe I, Trujillo ME, Ventura S. (2018). Proposal of the suffix —*ota* to denote phyla. Addendum to 'Proposal to include the rank of phylum in the International Code of Nomenclature of Prokaryotes'. Int J Syst Evol Microbiol. **68**: 967-969.

Williams KP, Kelly DP. (2013). Proposal for a new class within the phylum *Proteobacteria*, *Acidithiobacillia* classis nov., with the type order *Acidithiobacillales*, and emended description of the class *Gammaproteobacteria*. Int J Syst Evol Microbiol. **63**: 2901–2906.

Woese CR, Fox GE. (1977). Phylogenetic structure of the prokaryotic domain: the primary kingdoms. Proc Natl Acad Sci USA. **74**: 5088–5090.

Wright ADG. (2006). Phylogenetic relationships within the order *Halobacteriales* inferred from 16S rRNA gene sequences. Int J Syst Evol Microbiol. **56**: 1223-1227.

Wright ES, Yilmaz LS, Noguera DR. (2012). DECIPHER, a search-based approach to chimera identification for 16S rRNA sequences. Appl Environ Microbiol. **78**: 717.

Wu M, Scott AJ. (2012). Phylogenomic analysis of bacterial and archaeal sequences with AMPHORA2. Bioinformatics. **28**: 1033-1034.

Xiong J. (2006). Essential Bioinformatics. Cambridge University Press. pp. 339.

Xu XW, Huo YY, Wang CS, Oren A, Cui HL, Vedler E, Wu M. (2011). *Pelagibacterium halotolerans* gen. nov., sp. nov. and *Pelagibacterium luteolum* sp. nov., novel members of the family *Hyphomicrobiaceae*. Int J Syst Evol Microbiol. **61**: 1817-1822.

Yabuuchi E, Kosako Y, Oyaizu H, Yano I, Hotta H, Hashimoto Y, Ezaki T, Arakawa M. (1993). Proposal of *Burkholderia* gen. nov. and transfer of seven species of the genus *Pseudomonas* homology group II to the new genus, with the type species *Burkholderia cepacia* (Palleroni and Holmes 1981) comb. nov. Microbiol Immunol. **36**: 1251-1275.

Yamanaka S, Kawaguchi A, Komagata K. (1987). Isolation and identification of myxobacteria from soils and plant materials with special reference to DNA base composition, quinone system, and cellular fatty acid composition, and with a description of a new species, *Myxococcus flavescens*. J Gen Appl Microbiol. **33**: 247-265.

Yamanaka S, Kawaguchi A, Komagata K. (1990). *Myxococcus flavescens* sp. nov. In *Validation of the Publication of New Names and New Combinations Previously Effectively Published Outside the IJSB*, List no. 33. Int J Syst Bacteriol. **40**: 212.

Yamikov MM, Lünsdorf H, Golyshin PN. (2003). *Thermoleophilum album* and *Thermoleophilum minutum* are culturable representatives of group 2 of the *Rubrobacteridae* (*Actinobacteria*). Int J Syst Evol Microbiol. **53**: 377-380.

Yap WH, Zhang Z, Wang Y. (1999). Distinct types of rRNA operons exist in the genome of the actinomycete *Thermomonospora chromogena* and evidence for horizontal transfer of an entire rRNA operon. J Bacteriol. **181**: 5201-5209.

Yi H, Lim YW, Chun J. (2007). Taxonomic evaluation of the genera *Ruegeria* and *Silicibacter*: a proposal to transfer the genus *Silicibacter* Petursdottir and Kristjansson 1999 to the genus *Ruegeria* Uchino *et al.* 1999. Int J Syst Evol Microbiol. **57**: 815-819.

Yoon JH, Kang SJ, Im WT, Lee S-T, Oh TK. (2008). *Chelatococcus daeguensis* sp. nov., isolated from wastewater of a textile dye works, and emended description of the genus *Chelatococcus*. Int J Syst Evol Microbiol. **58**: 2224-2228.

Yoon JH, Kang SJ, Park S, Oh TK. (2007). *Devosia insulae* sp. nov., isolated from soil of Dokdo in Korea, and emended description of the genus *Devosia.* Int J Syst Evol Microbiol. **57**: 1310-1314.

Yoon SH, Ha SM, Kwon S, Lim J, Kim Y, Seo H, Chun J. (2017). Introducing EzBioCloud: A taxonomically united database of 16S rRNA and whole genome assemblies. Int J Syst Evol Microbiol. **67**: 1613-1617

Yurkov VV, Beatty JT. (1998). Aerobic anoxygenic phototrophic bacteria. Microbiol Mol Biol Rev. **62**: 695-724.

Zarilla KA, Perry JJ. (1984). *Thermoleophilum album* gen. nov. and sp. nov., a bacterium obligate for thermophily and *n*-alkane substrates. Arch Microbiol. **137**: 286-290.

Zeigler DR. (2003). Gene sequences useful for predicting relatedness of whole genomes in bacteria. Int J Syst Evol Microbiol. **53**: 1893-1900.

Zeldovich KB, Berezovsky IN, Shakhnovich EI. (2007). Protein and DNA sequence determinants of thermophilic adaptation. PLoS Comput Biol. **3**: e5.

Zhaxybayeva O, Doolittle WF, Papke RT, Gogarten JP. (2009). Intertwined evolutionary histories of marine *Synechococcus* and *Prochlorococcus marinus*. Genome Biol Evol. **1**: 325-339.

Zhang H, Sekiguchi Y, Hanada S, Hugenholtz P, Kim H, Kamagata Y, Nakamura K. (2003). *Gammatimonas aurantiaca* gen. nov., sp. nov., a gram-negative, aerobic, polyphosphate-accumulating microorganism, the first cultured representative of the new bacterial phylum *Gammatimonadetes* phyl. nov. Int J Syst Evol Microbiol. **53**: 1155-1163.

Zopf W. (1885). Die Spaltpilze, 3rd Ed. Edward Trewendt, Breslau, pp. 1-127.

용어 번역

accession number 취득 번호, 가입 번호

Bacteriological Code 박테리아 코드(International Code of Nomenclature of Bacteria)

biolumincescence 생체발광

benign 양성(良性)의

bootstrap probability 붓스트랩 확률

bp (base pair) 염기쌍

branch 가지, 분기

character state 특징상태

characteristic 형질, 특징

characterization 특징 규명

chemotaxonomy 화학분류학

clade 단계통

Class 강(綱)

clone 클론

cluster 클러스터, 군

colonization 정착,점유

colony 집락, 콜로니

column 세로칸, site (위치)

complete deletion option 완전 삭제 옵션

concatenated 연쇄시킨, 계합된

coverage 커버리지

Culture collection center 미생물균주 보존기관

Cyanobacteria 시아노박테리아

database 데이터베이스

dataset 데이터세트, 자료세트

degenerate primer 변질 프라이머

discreteness 분리

divergence 분기, 발산

divergence time 분기 년대

division 문

encode (encoding) 암호화하다(인코딩)

facultative 조건적, 통성(通性)

Family 과(科)

flow rate 유량(流量)

food-borne pathogen 식품매개 병원체

fragment 단편, 조각

framework 체제, 틀 구조

genome 게놈, 유전체

genomics 유전체학

genetic recombination 유전자 재조합

Genus 속(屬)

heterotypic synonym 이형 이명(異型 異名)

high-throughput 대량 생산

housekeeping gene 살림살이 유전자, 항존 유전자

indel pattern 삽입과 결손 유형

identity 동일성

incertae sedis 불확실한 위치, 분류학상 위치가 불명확함을 의미.

inference 추정법

in silico 가상의

isolate 분리균주

Judicial Commission 사법위원회

kit 키트

lactose 젖당

lineage 계열, 가계

marker 마아커

member 일원, 구성원

membership 소속

molecular marker 분자 마아커

molecular phylogeny tree 분자 계통수

monophyly 단원, 단계

muramic acid 뮤라민산

nomenclature 명명(법)

O antigen O 항원

online 온라인

open reading frame 열린 전사해독 틀

operon 오페론

Order 목(目)

outgroup 외부그룹

parameter 매개변수

paraphyletic 준원적

pattern 유형, 패턴

phylogenomic 계통유전체적

phylogenetic 진화계통적, 진화계통상

phylogenetic tree 진화계통수

phylogeny 진화계통

phylotype 계통형

Phylum 문(門)

plague 페스트

plasmid 플라스미드

polycation 다양이온, 다원양이온

polyphyletic 다원적

primer 프라이머

probe 탐침, 프로브

Proteobacteria 프로티오박테리아

query sequence 질문 시퀀스; entry 데이터베이스에 등록된 시퀀스

rank 위계, 계급

reference strain 참고 균주

representative 대표종

reproducible 재현가능한

sampling 견본추출, 샘플링

sequence 염기서열, 시퀀스

sequence variation 시퀀스 변이

sequencing 시퀀싱

serotype 혈청형

Serovar 혈청형, 혈청형의 변이주

signature nucleotides 표지 뉴클레오티드

similarity 유사도

solvent 용매

Species 종(種)

Subcommittee on Taxonomy 분류학 분과위원회

Subspecies 아종(亞種)

Sucrose 자당

Superphylum 초문(超門)

systematic botany 분류 식물학

systematic zoology 분류 동물학

systematics 계통학

susceptibility 감수성

teichoic acid 타이코산

threshold value 기준값, 문턱값

transition 천이(遷移)

transversion 염기전환, 전환

type species (strain) 타입 종(균주), 기준 종(균주)

typing 형별(型別), 판별

valid publication 공인된 발표

validly published name 공인 발표된 이름

vibrio 비브리오

whole-genome 전체게놈

축약어

AAI	Average amino acid identity
AAP	Aerobic anoxygenic phototroph
ANI	Average nucleotide identity
Bchl *a*	Bacteriochlorophyll *a*
BLAST	Basic Local Alignment Search Tool
CARD-FISH	Catalyzed reporter deposition-Fluorescence *in situ* Hybridization
CRP	Concatenated ribosomal protein
DDBJ	DNA Data Bank of Japan
dDDH	Digital DNA-DNA hybridization
DDH	DNA-DNA hybridization
DNA	Deoxyribonucleic acid
DSMZ	Deutsche Sammlung von Mikroorganismen und Zellkulturen
EMBL	European Molecular Biology Laboratory
FAFLP	Fluorescent amplified-fragment length polymorphism
FAME	Fatty acid methyl ester
FISH	Fluorescence *in situ* hybridization
GGD	Genome-to-Genome Distance
GGDC	Genome-to-Genome Distance Calculator
GTDB	Genome Taxonomy Database
HGT	Horizontal gene transfer
ICNB	International Code of Nomenclature of Bacteria
ICNP	International Code of Nomenclature of Prokaryotes
ICSB	International Committee on Systematic Bacteriology
ICSP	International Committee on Systematics of Prokaryotes
IJSEM	International Journal of Systematic and Evolutionary Microbiology
ITS	Internal transcribed spacer
KCCM	Korean Culture Collection of Microorganisms
LPSN	List of Prokaryotic names with Standing in Nomenclature
LSU	Large subunit
MAGs	Metagenome-assembled genomes
MALDI-TOF MS	Matrix-assisted laser desorption/ionization—time-of-flight mass spectrometer
MAR-FISH	Microautoradiography and

	fluorescence *in situ* hybridization
MIDI	Microbial Identification Inc
ML	Maximum likelihood
MLEE	Multi-locus enzyme electrophoresis
MLSA	Multilocus sequence analysis
MP	Maximum-parsimony
NanoSIMS	Nanoscale secondary ion mass spectrometry
NCBI	National Center for Biotechnology Information
NJ	Neighbor-joining
ORF	Open reading frame
PCR	Polymerase chain reaction
PHAs	Polyhydroxyalkanoates
PHB	Poly-ß-hydroxybutyrate
rDNA	Ribosomal DNA
RDP	Ribosomal Database Project
RNA	Ribonucleic acid
rRNA	Ribosomal RNA
SDS-PAGE	Sodium dodecyl sulphate-polyacrylamide gel electrophoresis
SSU	Small subunit
TEM	Transmission electron microscope
TETRA	Tetranucleotide signature regression
TLC	Thin-layer chromatography
T_m	Melting temperature
UPGMA	Unweighted Pair Group Method with Arithmetic Mean
WGS	Whole-genome sequence

찾아보기

국문색인

개체군 구조 / 17, 105

게놈 / 2, 13, 15, 16, 19, 20, 21, 23, 24, 25, 28, 29, 30, 32, 33, 34, 35, 36, 37, 38, 39, 40, 59, 60, 61, 72, 87, 89, 96, 102, 108, 109, 115

계통수 / 16, 22, 28, 38, 48, 50, 65, 66, 67, 68, 69, 70, 71, 72, 93, 96, 102, 106, 108, 110, 112, 114

계통유전체적 계통수 / 40

계통학 / 7, 8

계통형 / 33, 59

공인된 발표 / 28, 41, 42, 54, 58, 66, 102

공인된 이름 / 3, 45, 108

규칙 / 2, 4, 17, 41, 42, 43, 45, 47, 57, 61

근린결합법 / 28, 68, 69, 70

기무라 / 68

다상 분류학 / 27, 28, 30, 31, 32, 33, 34, 37, 40, 112

다원 / 66, 67, 93, 107

다유전자좌 시퀀스 분석 / 16

다형현상 / 25, 108, 109

단계통 / 33, 48, 49, 50, 51, 53, 54, 66, 67, 69, 71, 72, 93, 102, 107

단세포 유전체학 / 59

단원 / 12, 28, 52, 53, 54, 59, 66, 67, 72, 92, 94, 96, 101, 102, 107

동정 / 7, 8, 9, 17, 21, 27, 28, 29, 30, 38, 39, 75, 100, 104, 106, 116

동형 이명 / 56

메타유전체학 / 59

명명 / 3, 4, 5, 6, 7, 8, 41, 42, 43, 44, 45, 46, 52, 53, 55, 56, 58, 59, 61, 92, 97, 100, 112

명종 / 14

미생물 분류학 / 2

미생물균주 보존기관 / 3, 4, 5, 14, 31, 42, 43, 46, 111, 112, 113

박테리아 / 24

박테리아 계통학 / 4, 8, 104

박테리아 분류학 / 1, 2, 3, 6, 7, 9, 15, 39, 44, 101, 104, 107, 111, 114

박테리아 코드 / 4, 24, 41, 44, 47, 112, 113

변질 프라이머 / 106

병원형 / 114

부활된 이름 / 53, 54

분류학 / 1, 2, 3, 5, 7, 8, 9, 12, 21, 28, 29, 31, 38, 39, 40, 42, 44, 46, 47, 66, 67, 89, 104, 111

불확실한 위치 / 3, 5, 50, 86, 94, 95

비브리오 / 16, 35, 37, 107

살림살이 유전자 / 16, 17, 28, 33, 104, 105

생물학적 종의 개념 / 10, 12

생물형 / 114

세포벽 / 1, 5, 17, 30, 53, 62, 80, 81, 84, 97, 98, 99, 100, 109

수치분류학 / 1, 2

수평 유전자 전이 / 10, 18, 21, 22, 30, 72

시아노박테리아 / 19, 92

시퀀스 클러스터 / 33, 34, 35

아종 / 3, 17, 18, 25, 39, 42, 47, 57, 100, 105, 108, 113, 114

아키아 / 6, 7, 10, 12, 18, 22, 23, 33, 58, 85, 87, 88, 100, 101, 102

어원 / 42, 43, 87, 111

연쇄 / 11, 20

원칙 / 4, 44, 45

원핵생물 계통학 / 4, 8, 21, 32

원핵생물 분류학 / 2, 7, 9, 10, 16, 21, 28, 30, 31, 32, 33, 34, 37, 40, 41, 72, 74, 116

원핵생물 종의 개념 / 12

원핵생물 코드 / 3, 5, 33, 41, 42, 43, 44, 47, 52, 58, 61

유사 유전자 / 20, 22

유전자 이동 / 10, 11, 12, 33, 34

유전자형 / 27, 34, 45, 59, 108, 109

유전체 / 2, 10, 11, 12, 14, 15, 17, 18, 19, 20, 21, 27, 29, 30, 32, 33, 34, 35, 36, 37, 38, 39, 51, 59, 60, 63, 65, 73, 74, 75, 88, 91, 96, 97, 112, 114

유전체 간 거리 / 31, 38, 39, 57, 73, 74, 75

유전체 분류학 / 7, 16, 37, 38, 39, 40

유전체 원핵생물 분류학 / 35, 40

유전체 유사도 / 13

유전체 종 / 13, 14

유전체-규모 계통수 / 97

유전형 / 12, 17, 26, 34

이명 / 1, 18, 42, 45

이형 이명 / 15, 56

재분류 / 1, 5, 6, 16, 18, 24, 37, 51, 55, 56, 57, 86, 91, 92, 97, 101

종 / 9, 10, 12, 15, 34

종분화 / 17, 18, 20, 34, 109

종의 개념 / 18, 28, 34

종의 정의 / 2, 10, 12, 13, 17, 29, 33, 34

준원 / 16, 66, 67, 102

진단 / 8, 24, 29, 36, 37, 44, 60, 104, 105

진화계통 / 8, 15, 16, 18, 20, 21, 22, 23, 24, 25, 26, 27, 28, 33, 34, 37, 38, 39, 43, 44, 49, 50, 51, 52, 53, 54, 65, 66, 68, 69, 72, 85, 87, 89, 92, 93, 96, 97, 100, 102, 110, 112

진화계통수 / 8, 16, 21, 48, 50, 59, 66, 72, 100, 106

초문 / 97

최대가능도 방법 / 28, 69, 70, 71, 72

최대절약법 / 28, 68, 69, 70, 71, 72

최소 표준안 / 4, 5, 30, 40, 44, 96, 111, 112

취득 번호 / 43, 72, 111, 112, 115

커버리지 / 38, 40, 59

코드 / 3, 4, 5, 42, 43, 44, 45, 46, 54, 58, 61

타입 균주 / 14, 19, 24, 26, 28, 29, 30, 31,

38, 39, 40, 42, 43, 44, 45, 51, 56, 57, 62, 65, 75, 77, 81, 82, 83, 91, 96, 110, 111, 112, 113, 114

타입 재료 / 42, 45, 46, 59, 61

타입 종 / 4, 17, 32, 43, 45, 46, 54, 55, 59, 66, 113

특징 규명 / 3, 6, 7, 24, 30, 32, 33, 39, 44, 51, 63, 106, 108, 109, 110

표지 뉴클레오티드 / 81, 85, 96

표지 시퀀스 / 106

표현형 / 1, 2, 6, 7, 8, 10, 12, 14, 15, 17, 18, 27, 28, 29, 30, 31, 32, 34, 35, 36, 37, 38, 39, 44, 45, 48, 49, 51, 56, 60, 62, 64, 76, 93, 94, 96, 97, 103, 110, 111, 112, 113

프로티오박테리아 / 52, 87, 88, 89, 90, 92, 101

α-프로티오박테리아 / 24, 25, 49, 84, 85, 88, 90, 93

β-프로티오박테리아 / 24, 84, 85, 88, 89, 90, 101

γ-프로티오박테리아 / 24, 84, 85, 88, 89, 90, 101

δ-프로티오박테리아 / 85, 89, 92, 101

ε-프로티오박테리아 / 24, 52, 85, 89, 92, 101

ζ-프로티오박테리아 / 89, 101

혈청형 / 5, 104, 108, 114

호산생물 / 98

호알카리생물 / 98

호열생물 / 92, 98, 106

호열성 / 50, 80

호염생물 / 98, 101

호염성 / 59

호염성 아키아 / 101, 102

화학분류학 / 1, 27, 30, 48, 50, 51, 52, 56, 81, 100, 111

화학형 / 32

16S-23S rRNA 공간 지역 시퀀스 ITS / 14

영문색인

AAI / 15, 19, 20, 31, 38, 39, 59, 100

AAP 박테리아 / 92, 93

Actinobacteria / 16, 24, 80, 87, 98, 99, 100, 101

AL / 8, 54, 57, 98

ANI / 11, 15, 18, 19, 20, 29, 31, 35, 38, 40, 57, 59, 64, 73, 74

Bacteroidetes / 16, 66, 86, 87, 94, 96, 97, 101

Candidatus / 4, 6, 7, 35, 42, 43, 57, 58, 59, 61

concatenated / 16, 19, 21, 25

Cyanobacteria / 25, 59

dDDH (digital DDH) / 19, 29, 40

DDH / 1, 2, 6, 13, 14, 15, 16, 19, 21, 28, 29, 30, 35, 56, 57, 64, 72, 73, 74, 110, 113, 114

DNA-DNA 혼성화 / 1, 13, 14, 17, 26, 72

Etymology / 111

Firmicutes / 16, 24, 51, 53, 59, 87, 97, 98, 101

FISH / 6, 60

Genomovar / 14, 18

GGD / 31, 38, 57, 74

GTDB / 40, 89, 101, 102

GTDB 분류학 / 39, 87, 89, 91, 100

HGT / 18, 34

ICNB / 4, 58

ICNP / 3, 4, 18, 42, 47, 56, 61, 94

ICSB / 4, 5, 44, 58

ICSP / 3, 4, 43, 44, 47, 52, 61, 111, 114

IJSB / 4, 42

IJSEM / 3, 4, 5, 30, 42, 43, 46, 62, 110, 111, 113, 114, 116

in silico DDH / 36, 64, 75

Incertae Sedis / 50, 51, 86, 94, 95, 96, 98, 100

ITS / 25, 26

Kimura / 68, 70

LPSN / 43, 91, 99

MLSA / 2, 16, 28, 29, 31, 39, 96

Paralogue / 102

PHB / 64, 80, 95

Roseobacter 단계통 / 54, 87, 92, 93, 94

TETRA / 29

Vibrio / 78

VP / 57, 98

WGS / 31, 34